National Competency Standards NCS

http://www.ncs.go.kr

헤 어 미 용 직 무 능 력 표 준 학 습 모 듈

기본 퍼머넌트 웨이브 실습서

유세은·오별 저

구민사

머·리·말 Preface

미용 산업의 발달로 인해 개인적인 이미지에 대한 관심과 정보가 많아지면서 헤어 미용 관리에 적극적인 행동으로 이어지고 있다. 또한 헤어는 자신을 표현하는 중요한 매개체로서 미적욕구를 충족시키기 위한 노력을 하고 있다. 계속적으로 성장하는 헤어 미용 산업으로 산업체에서 요구하는 헤어 미용의 이론과 실기를 바탕으로 한 살롱에서 필요한 고객응대에서부터 시술까지 올바르고 정확한 방법으로 교육받고 적용할 수 있어야 한다.

본 실습서에는 현장중심 교과과정에 따른 능력단위인 베이직펌의 가장 기본이 되는 고객안내에서부터 퍼머넌트 준비하기로 퍼머에 필요한 도구와 재료를 준비하는 과정과 사전처리부터 기본 퍼머넌트 시술하기로 세분화하여 전문적인 정보를 직무 능력 향상에 부족함이 없도록 구체적으로 제시하였다.

본 실습서는 직무를 수행할 수 있는 워크북 형태로 구성되어있고, 학습목표에 따른 체크리스트를 통하여 수행정도를 파악하고 달성 목표를 구체적으로 제시하였으며, 학습내용에 대한 주요사항을 정리하고, 평가결과에 따른 부족한 부분을 피드백 받을 수 있도록 하기 위한 체크리스트가 제시되어 있다.

따라서 헤어 미용을 이해하고 퍼머넌트 시술하는 능력을 개발하면서 지금보다 더 기술향상에 유용하게 다뤄지고 활용되어지기를 바란다.

저자 일동

차·례 contents

학습 4주차 퍼머넌트 웨이브 하기

학습 5주차 퍼머넌트 웨이브 하기

학습 6주차 크로키놀식 와인딩 하기

학습 7주차 스파이럴식 와인딩 하기

학습 8주차 제1차 직무능력평가

학습 9주차 사선 와인딩 하기

학습 10주차 수평벽돌쌓기 와인딩

학습 11주차 오블롱과 벽돌쌓기 혼합형 와인딩

학습 12주차 프로젝션 와인딩

학습 13주차 볼륨 매직 퍼머넌트

학습 14주차 헤어스타일 마무리하기

학습 15주차 퍼머넌트 와인딩 마무리하기

A practice permanent wave

기본 퍼머넌트 웨이브 실습서

학습 1주차	퍼머넌트 웨이브 이론
학습 2주차	퍼머넌트 웨이브 준비 및 시술하기
학습 3주차	퍼머넌트 웨이브 하기
학습 4주차	퍼머넌트 웨이브 하기
학습 5주차	퍼머넌트 웨이브 하기
학습 6주차	크로키놀식 와인딩 하기
학습 7주차	스파이럴식 와인딩 하기
학습 8주차	제1차 직무능력평가
학습 9주차	사선 와인딩 하기
학습 10주차	수평벽돌쌓기 와인딩
학습 11주차	오블롱과 벽돌쌓기 혼합형 와인딩
학습 12주차	프로젝션 와인딩
학습 13주차	볼륨 매직 퍼머넌트
학습 14주차	헤어스타일 마무리하기
학습 15주차	퍼머넌트 와인딩 마무리하기

A practice permanent wave

퍼머넌트 웨이브 실습서 사용안내

소개

이 실습서는 대분류 숙박·여행·오락, 중분류 이·미용, 소분류 이·미용 서비스, 세분류 헤어 미용의 직무로 베이직 펌의 능력단위인 기본 퍼머넌트 웨이브 작업을 수행함에 있어 필요한 지식과 기술, 태도에 대한 내용으로 구성되었다.

또한 기본 퍼머넌트 웨이브의 능력단위와 능력단위 요소에 없는 내용도 산업체의 요구에 의해 포함되어 있다. 산업 현장에서 헤어디자인 연출의 기본이 되는 퍼머넌트 웨이브를 고객에게 시술함에 있어 가장 기본이 되는 고객 안내에서부터 퍼머넌트 준비하기로 퍼머하기에 필요한 도구와 재료를 준비하는 과정에서 사전처리부터 퍼머약 준비를 마치면 기본 퍼머넌트 시술하기로 블로킹을 하여 퍼머넌트 기본 와인딩을 하는 올바른 자세와 슬라이스, 각도, 텐션, 빗질 등의 수행준거와 관련된 지식과 기술태도를 익히며 퍼머넌트 웨이브를 시술하는 단계이다. 펌 와인딩 후 기본 퍼머넌트 웨이브 마무리 단계에서는 펌의 테스트컬 후 중간샴푸하기, 중화하기, 롯드아웃하여 헹구기, 타올 드라이 등의 수행내용을 담고 있다.

구 성

기본 퍼머넌트 웨이브 실습서는 사용안내, NCS기반 강의계획서, 주차별 학습내용과 평가 계획서 등의 운영지침과 진단평가와 직무능력 평가서, 평가 결과서 등의 학습모듈, 실습서로 구성되어 있다. 사용안내는 전체적인 개요와 구성을 설명하고, 학습자에게 효과적인 활용방법 및 학습방법, 또한 강의계획서와 주차별 학습 계획서 등의 운영지침은 평가를 위한 지침서로 활용하고 자가진단평가서는 실습서를 학습하기 전에 기본헤어퍼머넌트에 대한 학습자의 현재 수준을 진단하고, 학습자에게 필요한 학습활동을 안내하는 역할을 한다. 또한 실습서는 워크북 형태로 학기를 마감할 때 학습자의 수행과정을 한눈에 알 수 있도록 구성되었다.

또한 이 실습서는 직무를 수행할 수 있는 워크북 형태로 구성되어 있고 각각의 학습모듈은 학습목표, 학습내용, 수행내용, 교수학습방법, 학습정리, 평가, 피드백으로 구성되어 있다. 학습목표에는 주차별 학습목표와 학습목표에 따른 체크리스트를 통하여 수행정도를 파악하고 달성 목표를 구체적으로 제시하였다. 학습활동은 교수학습방법으로 구성되었으며, 교수학습방법에는 중요하면서도 기본적인 내용이 제시되어 있다. 마지막으로 학습정리는 학습내용에 대한 주요사항을 정리하였으며, 수행평가에서는 각 학습모듈의 학습을 마친 후 학습자들의 성취수준을 평가하고, 평가결과에 따른 부족한 부분을 피드백 받을 수 있도록 하기 위한 체크리스트가 제시되어 있다. 기본 헤어 퍼머넌트 학습모듈의 개발 구성도는 아래 표와 같이 구성되어 있다.

개발 구성도

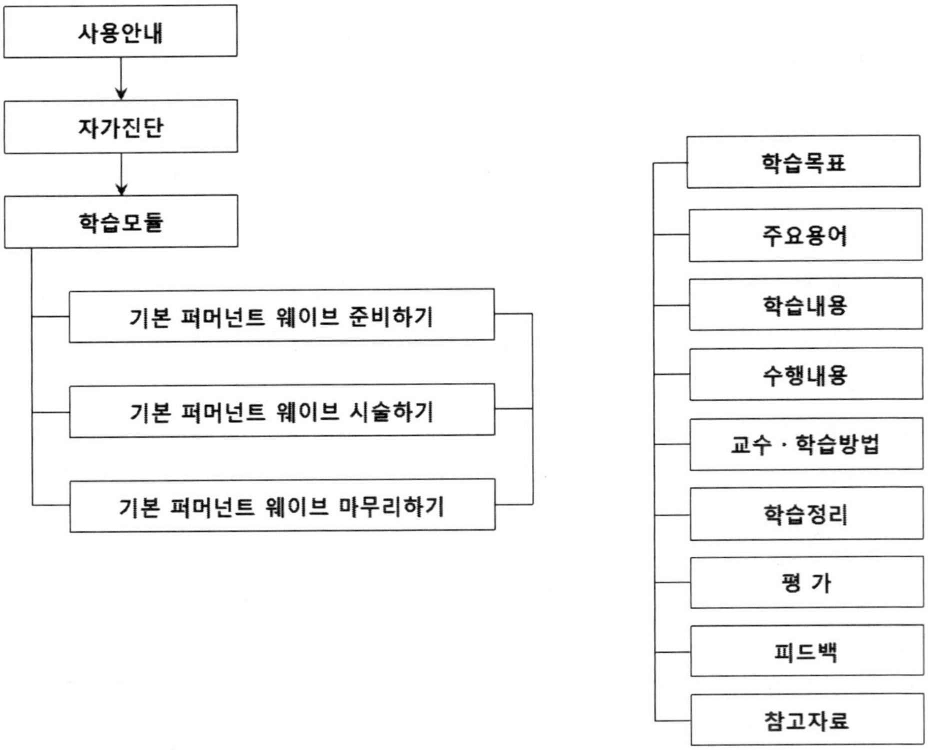

사용안내
자가진단
학습모듈
기본 퍼머넌트 웨이브 준비하기
기본 퍼머넌트 웨이브 시술하기
기본 퍼머넌트 웨이브 마무리하기
학습목표
주요용어
학습내용
수행내용
교수 · 학습방법
학습정리
평 가
피드백
참고자료

강의계획서

직무	능력단위	능력단위코드
01.헤어미용	베이직 헤어펌	1201010120_16v3

교과목명	기초펌실습			이수구분	전선	담당교수	
대상학과		학년－학기		학점	3	시수(이론/실습)	3 (1/2)
교과목코드		강의시간				장소	
교수연락처		이메일				연구실	

교과목 개요	미용사로서 고객의 미적 요구를 충족하기 위한 헤어 미용 서비스로 고객의 내적·외향적 특징, 트랜드 등을 반영하여 적합한 디자인를 설계하고 산업현장에서 기본이 되는 퍼머넌트를 학습한다. 또한 이에 필요한 기기와 도구의 사용법을 익히고 퍼머넌트를 와인딩을 익히고 실습한다. NCS 능력단위의 수행준거를 기반으로 고객유형 분석과 베이직 헤어펌의 준비하기, 시술하기, 마무리의 과정에서 고객에게 적합한 베이직 헤어펌를 배우고 테크닉을 숙련한다.
교육 목표	베이직 헤어펌의 이론을 공부하고 기본 헤어 퍼머넌트의 준비하기에 필요한 수행준거와 프레스 도구와 로드 및 펌제를 준비할 수 있다. 베이직 헤어펌의 수행준거인 퍼머넌트를 기본 와인딩을 할 수 있고 열기구 등을 사용하여 기본 프레스 작업을 할 수 있다. 펌제인 1제와 2제를 정확히 도포하고 중간세척과 롯드오프하여 마무리 세척을 할 수 있다.

교수·학습 방법	a	b	c	d	e	f	g	h
	○	○			○			
	a.이론강의 b.실습 c.발표 d.토론 e.팀프로젝트 f.캡스톤디자인 g.포트폴리오(학습자/교수자) h.기타							
기자재 및 매체	• 거울과 의자 • 다양한 크기와 형태의 와인딩 로드 및 펌 도구 일체 • 가온기 및 스티머 • 꼬리빗, 브러쉬 등의 미용 전문 빗 • 어깨보, 커트보, 고객가운, 타월 • 중화받침대							
교재 (NCS 학습모듈)	주교재	학습모듈						
	부교재	퍼머넌트 웨이브						
	참고 교재							

교수·학습 방법	a	b	c	d	e	f	g	h	i	j	k	l	m
			○									○	○
	a. 포트폴리오 b. 문제해결시나리오 c. 서술형시험 d. 논술형시험 e. 사례연구 f. 평가자 질문 g. 평가자 체크리스트 h. 피평가자 체크리스트 i. 일지/저널 j. 역할연기 k. 구두발표 l. 작업장평가 m. 기타 ※ 세부내용은 평가계획서에 기술됨												
성적분포	A－30% / B－40% / C, D－30%												
기타사항	멘토, 멘티를 활용하여 개인 티칭 활동												

관련 능력단위요소	수행준거	지식 · 기술 · 태도
베이직 헤어펌하기 (1201010120_16v3.01)	1.3. 모발 길이 등 모발의 상태에 따라 사용할 호수별 로드, 밴드, 앤드페퍼 등 필요한 도구 및 재료를 준비할 수 있다. 1.4. 모발에 사전 처리 작업으로 전처리제 도포 및 연화 또는 유화 작업을 할 수 있다.	[지식] • 두피보호제에 관한 지식 • 베이직 헤어펌에 사용하는 도구 및 재료에 관한 지식 • 펌제 사용 전 샴푸에 관한 지식 • 펌제 사용 전에 사용하는 전처리제에 관한 지식 [기술] • 도구 및 재료 준비 능력 • 두피보호제 도포 테크닉 • 사전 샴푸능력 • 연화 및 유화 능력 • 전처리제 도포 테크닉 [태도] • 고객 만족을 위해 노력하는 자세 • 고객의 두피에 자극을 최소화하려는 자세 • 고객의 불편을 수시로 확인하고 대처하는 자세 • 신속하고 정확하게 서비스하는 태도
베이직 헤어펌 마무리하기 (1201010120_16v3.02)	2.1. 크로키놀식 및 스파이럴식 기법으로 와인딩 할 수 있다. 2.2. 와인딩 된 모발에 1제를 도포하고 타월밴드 및 비닐캡 처리를 할 수 있다. 2.4. 웨이브의 형성 정도를 파악하기 위해 중간테스트를 할 수 있다. 2.5. 헤어 펌의 유형에 따른 중간 세척을 할 수 있다.	[지식] • 베이직 헤어펌 도구의 특징과 사용방법 • 베이직 헤어펌 와인딩 종류와 기법 • 와인딩 모발 열처리 및 처리시간에 관한 지식 • 펌 1제와 2제의 성분과 작용원리 [기술] • 가온기 사용기술 • 스파이럴식 와인딩 능력 • 중간테스트 능력 • 중화제 도포 기술 • 크로키놀식 와인딩 능력 • 펌제 도포능력 [태도] • 고객 만족을 위해 노력하는 태도 • 고객의 두피에 자극을 최소화하려는 자세 • 고객의 불편을 수시로 확인하고 대처하는 자세 • 신속하고 정확하게 서비스하는 태도 • 펌제의 정량 사용으로 자원 낭비와 환경오염을 최소화하려는 의지

평가계획서

교과목명	기초펌실습	담당교수	
관련 직무명	01. 헤어미용	능력단위명 (능력단위코드)	베이직 헤어펌 (1201010120_16v3)

평가개요	구분	배점	평가 개요
	진단평가 1	–	수업 전 사전 자가 평가로 학습자의 수업 전 직무능력 성취도를 파악하여 수업 시 학습자의 수준을 파악하여 수준에 맞추어 수업을 진행할 수 있다.
	진단평가 2	–	수업 후 사후 자가 평가로 학습자의 수업 후 직무능력 성취도를 파악하여 피드백 할 수 있다.
	직무수행능력평가 1	40%	헤어펌의 원리와 모발의 화학적 작용를 알고 고객유형 분석과 베이직 헤어펌의 준비하기, 시술하기에서 고객에게 적합한 베이직 헤어펌을 할 수 있다.
	직무수행능력평가 2	40%	고객이 원하는 디자인을 크로키놀식 및 스파이럴식 기법으로 베이직펌 준비하기, 시술하기, 마무리하기 할 수 있다.
	출석평가	20%	실기 교과목으로 잦은 결석은 진도를 따라오기 어렵고, 출석은 성실도와 흥미를 가지는데 최고의 가치이다.

평가항목: 진단평가 1

평가내용 및 방법

평가내용 : 베이직 헤어펌의 이론을 공부하고 기본 헤어 퍼머넌트의 준비하기에 필요한 수행준거와 프레스 도구와 로드 및 펌제를 준비하기, 시술하기, 마무리하기를 할 수 있다.

평가시기 : 1주차

영역별 평가내용

영역 (능력단위 요소)	진단문항	자가진단		
		높음	보통	낮음
베이직 헤어펌하기	1.3. 모발 길이 등 모발의 상태에 따라 사용할 호수별 로드, 밴드, 앤드페퍼 등 필요한 도구 및 재료를 준비할 수 있다.			
베이직 헤어펌하기	1.4. 모발에 사전 처리 작업으로 전처리제 도포 및 연화 또는 유화작업을 할 수 있다.			
베이직 헤어펌 마무리하기	2.1. 크로키놀식 및 스파이럴식 기법으로 와인딩 할 수 있다.			
베이직 헤어펌 마무리하기	2.2. 와인딩 된 모발에 1제를 도포하고 타월밴드 및 비닐캡 처리를 할 수 있다.			
베이직 헤어펌 마무리하기	2.4. 웨이브의 형성 정도를 파악하기 위해 중간테스트를 할 수 있다.			
베이직 헤어펌 마무리하기	2.5. 헤어 펌의 유형에 따른 중간 세척을 할 수 있다.			

평가방법 : 자가진단 체크리스트

평가 시 고려사항 : 수업 후 진단평가로 성적에 반영되지 않음

평가 결과 활용 계획 : 학습자의 수준을 파악하여 수준별 수업 가능

직업기초능력

순 번	직업기초 능력	
	주요영역	하위영역
1	의사소통 능력	경청 능력, 의사표현 능력, 기초외국어 능력
2	문제해결 능력	사고력, 문제처리 능력
3	대인관계 능력	갈등 관리 능력, 협상 능력, 고객서비스 능력
4	자원관리 능력	시간 자원 관리 능력
5	기술 능력	기술 이해 능력, 기술 선택 능력, 기술 적용 능력
6	직업 윤리	근로 윤리

A practice permanent wave

퍼머넌트 웨이브 실습 개요

1 학습모듈 개요

미용사로서 고객의 미적 요구를 충족하기 위한 헤어 미용 서비스로 고객의 내적·외향적 특징, 트랜드 등을 반영하여 적합한 디자인를 설계하고 산업현장에서 기본이 되는 퍼머넌트를 학습한다. 또한 이에 필요한 기기와 도구의 사용법을 익히고 퍼머넌트를 와인딩을 익히고 실습한다.

NCS 능력단위의 수행준거를 기반으로 고객유형 분석과 베이직 헤어펌의 준비하기, 시술하기, 마무리의 과정에서 고객에게 적합한 베이직 헤어펌을 배우고 테크닉을 숙련한다.

2 학습모듈 목표

산업현장에서 화학 시술되는 베이직 헤어 퍼머넌트 웨이브에 대한 기본적인 이론과 관련된 수행준거를 학습하고 관련된 지식, 기술, 태도 등을 습득한다. 또한 헤어 퍼머넌트 웨이브 시술 시 적용되는 기술을 숙련하고, 실제로 고객이 원하는 펌 디자인을 시술하기 위하여 퍼머넌트 웨이브를 완성할 수 있다.

3 선수학습

모발이론, 기본헤어커트, 공중위생관리학

4 내용체계 및 이수시간

관련 능력단위요소	수행준거	지식 · 기술 · 태도	이수 시간 (hour)
퍼머넌트 웨이브 이론	1. 퍼머넌트 웨이브의 역사에 대하여 알 수 있다. 2. 퍼머넌트 웨이브의 원리에 대하여 알 수 있다.		9
베이직 헤어펌하기 (1201010120_16v3.01)	1.3. 모발 길이 등 모발의 상태에 따라 사용할 호수별 로드, 밴드, 앤드페이퍼 등 필요한 도구 및 재료를 준비할 수 있다. 1.4. 모발에 사전 처리 작업으로 전처리제 도포 및 연화 또는 유화작업을 할 수 있다.	[지식] • 두피보호제에 관한 지식 • 베이직 헤어펌에 사용하는 도구 및 재료에 관한 지식 • 펌제 사용 전 샴푸에 관한 지식 • 펌제 사용 전에 사용하는 전처리제에 관한 지식 [기술] • 도구 및 재료 준비 능력 • 두피보호제 도포 테크닉 • 사전 샴푸 능력 • 연화 및 유화 능력 • 전처리제 도포 테크닉 [태도] • 고객 만족을 위해 노력하는 자세 • 고객의 두피에 자극을 최소화하려는 자세 • 고객의 불편을 수시로 확인하고 대처하는 자세 • 신속하고 정확하게 서비스하는 태도	24
베이직 헤어펌 마무리하기 (1201010120_16v3.02)	2.1. 크로키놀식 및 스파이럴식 기법으로 와인딩 할 수 있다. 2.2. 와인딩 된 모발에 1제를 도포하고 타월밴드 및 비닐캡 처리를 할 수 있다. 2.4. 웨이브의 형성 정도를 파악하기 위해 중간테스트를 할 수 있다. 2.5. 헤어 펌의 유형에 따른 중간 세척을 할 수 있다.	[지식] • 베이직 헤어펌 도구의 특징과 사용방법 • 베이직 헤어펌 와인딩 종류와 기법 • 와인딩 모발 열처리 및 처리시간에 관한 지식 • 펌 1제와 2제의 성분과 작용원리 [기술] • 가온기 사용기술 • 스파이럴식 와인딩 능력 • 중간테스트 능력 • 중화제 도포 기술	

		• 크로키놀식 와인딩 능력 • 펌제 도포 능력 [태도] • 고객 만족을 위해 노력하는 태도 • 고객의 두피에 자극을 최소화하려는 자세 • 고객의 불편을 수시로 확인하고 대처하는 자세 • 신속하고 정확하게 서비스하는 태도 • 펌제의 정량 사용으로 자원 낭비와 환경 오염을 최소화하려는 의지	12

5 핵심용어

헤어 퍼머넌트 웨이브, 로드, 크로키놀, 스파이럴, 블로킹, 와인딩, 앤드페이퍼, 테스트컬, 중간세척, 중화, 로드아웃, 샴푸, 타월드라이, 스타일 제품

학습 1 퍼머넌트 웨이브 이론

주 차	1/15
능력단위요소	수행준거
베이직 헤어펌하기 (1201010120_16v3)	3-1 퍼머넌트 웨이브의 역사에 대하여 알 수 있다. 3-2 퍼머넌트 웨이브의 원리에 대해 알 수 있다.
학습목표	-퍼머넌트 웨이브 정의와 목적에 대하여 알 수 있다. -고객이 요구하는 퍼머넌트 웨이브에 대하여 알 수 있다. -퍼머넌트 웨이브의 역사에 대하여 알 수 있다. -퍼머넌트 웨이브의 원리에 대하여 알 수 있다.

학습내용

1 퍼머넌트 웨이브란?

퍼머넌트 웨이브(Permanent wave)는 모발에 있어 웨이브를 만들기 위해 로드라는 도구와 웨이브가 잘 형성되기 위한 가온(열), 모발의 화학적 결합을 절단·결합하는 퍼머제의 작용으로 모발의 화학구조를 변화시켜 모발의 웨이브가 오래 유지될 수 있도록 하는 것이다.

2 퍼머넌트 웨이브의 역사

- 고대 이집트인들은 B.C 3000년경부터 웨이브를 만드는 것에서 시작하였다.
- 19C에는 석유램프의 열로 가온하여 웨이브를 만들었다.
- 1875년에는 헤어 아이롱(Iron)을 이용하여 웨이브를 만들었다.
- 1930년대 아유산 수소나트륨의 화학반응에서 얻어지는 40℃의 반응열을 이용한 콜드 퍼머넌트 웨이브가 고안되었고, 이후 모발의 결합을 절단, 결합하는 연구가 지속되었다.
- 1941년 맥도노프 등이 치오글리콜산을 환원제로 하는 웨이브제를 최초로 제조하였다.
- 1950년대에 와서는 완전히 콜드 퍼머넌트 웨이브로 자리를 잡았다. 현재 사용되는 퍼머넌트 웨이브란 콜드 퍼머넌트 웨이브를 말한다.

• 2000년대 퍼머넌트 스타일은 열 퍼머, 디지털 퍼머가 활성화되어 헤어분야에서의 퍼머 기기가 다양화되고 활성화 되었다.

3 퍼머넌트 웨이브의 원리

1) 모발과 산화, 환원

퍼머넌트 웨이브 시술에 있어 퍼머제에 의해 모발의 구조가 변형되어 영구적인 웨이브가 형성된다.

(1) 환원

① 물질이 산소를 잃는다.
② 물질이 수소와 결합한다.
<환원작용>
$-S-S+HS \cdot CH_2COOH-SH$

(2) 산화

① 물질이 수소를 잃는다.
② 물질이 산소와 결합한다.
<산화작용>
$-SH+NaBrO_3(H_2O_2)$ $-S-S-$

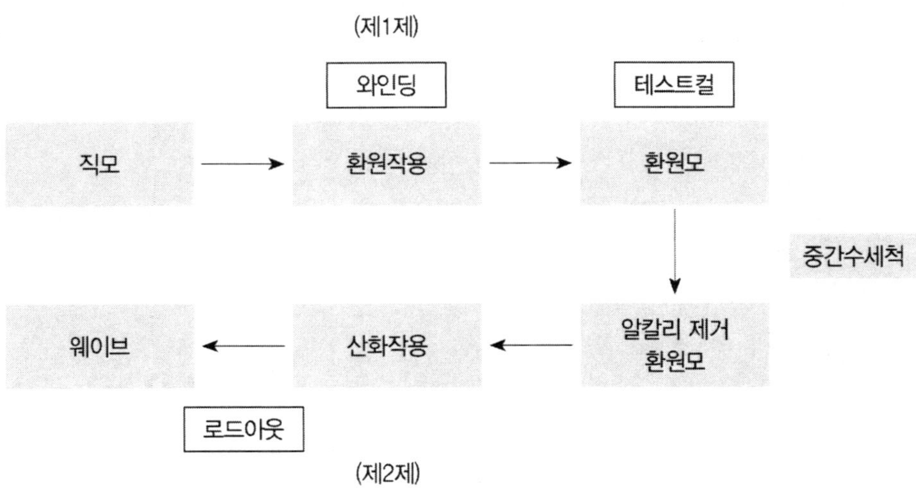

〈퍼머넌트 웨이브 원리〉

수행내용

[퍼머의 원리 정리]

학습정리

1. 퍼머넌트 웨이브의 역사는 고대 이집트인들이 B.C 3000년경부터 웨이브를 만드는 것으로 시작하여 치오글리콜산을 환원제로 하는 웨이브제 개발
2. 퍼머넌트 웨이브의 원리는 환원과 산화됨에 따라 이루어짐

피드백

학습 2 퍼머넌트 웨이브 준비 및 시술하기

주 차	2/15
능력단위요소	수행준거
베이직 헤어펌하기 (1201010120_16v3)	1.3. 모발 길이 등 모발의 상태에 따라 사용할 호수별 로드, 밴드, 앤드페이퍼 등 필요한 도구 및 재료를 준비할 수 있다. 1.4. 모발에 사전 처리 작업으로 전처리제 도포 및 연화 또는 유화작업을 할 수 있다.
학습목표	–모발의 pH에 대하여 알 수 있다. –퍼머넌트 웨이브의 도구와 기구에 대하여 알 수 있다. –퍼머넌트 웨이브의 준비하기에 대하여 알 수 있다.

학습내용

1 모발과 PH

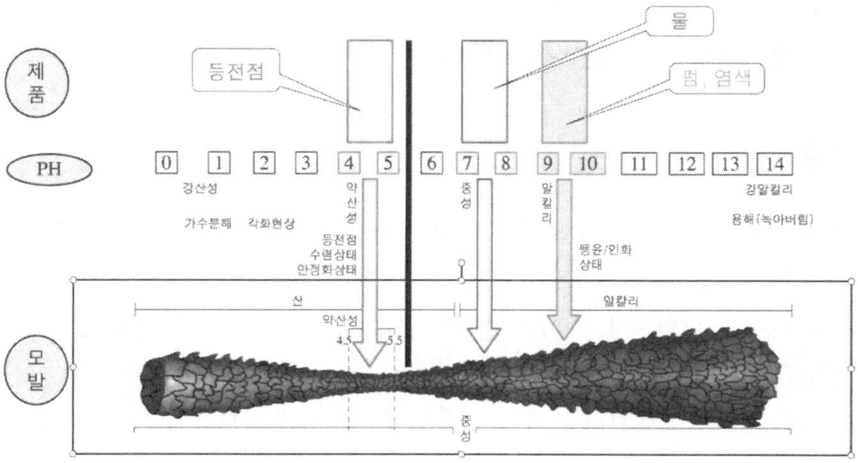

1) PH란?

- Potential of Hydrogen의 약자로 수소 이온 농도를 나타내는 지수이다.
- 순수한 물에서의 pH는 7이며 이때를 중성이라고 하고, pH가 7보다 작으면 산성, 7보다 크면 알칼리성이 된다.

2) 모발의 팽창과 수렴 (Swelling & astringency)

모발은 퍼머제와 물 등의 영향으로 부풀어 오르거나(팽윤) 수축되기도(수렴) 한다.

(1) 모발의 팽창

큐티클이 열리고, 부드러운 탄력이 없어진다.

- 수분 (Water)
- 비누(알칼리)
- 퍼머제(알칼리)
- 칼라제(알칼리)

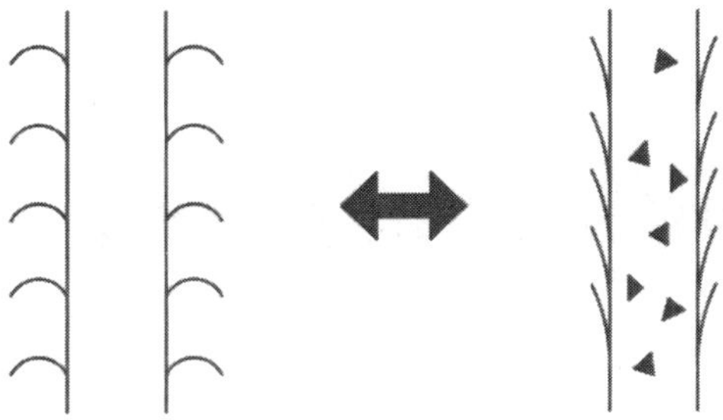

2 퍼머넌트 웨이브에 사용되는 기구 & 도구

1) 로드의 종류

- 로드는 퍼머넌트 웨이브 시술 시 모발을 로드에 와인딩 한 후, 로드아웃을 하면 웨이브가 만들어지는 도구이다.
- 일반 퍼머와 특수 퍼머의 목적에 따라 플라스틱, 고무, 스펀지 세라믹, 나무 등의 소재로 구분한다. (곽형심·김순희·정선정, 2001)
- 로드의 크기와 형태는 웨이브의 크기와 모양에 영향을 주게 되므로 로드의 선정은 매우 중요하다. (고경숙·윤복연, 2004)

빅로드

롱로드

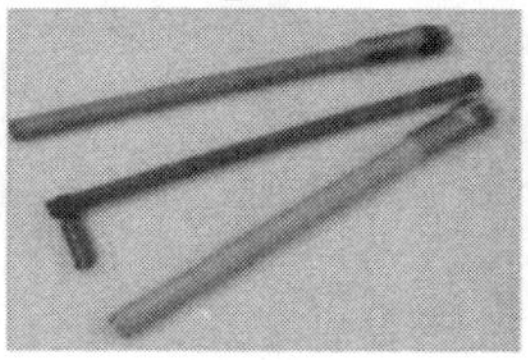

원추로드

U자 로드

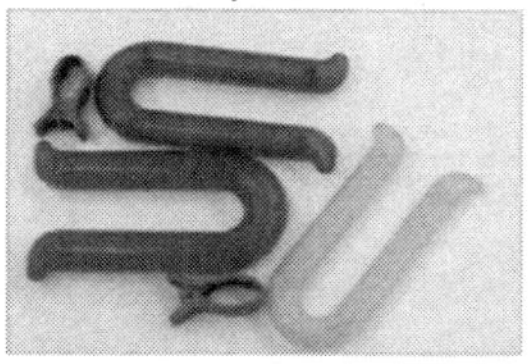

아이폰 로드

쉐기 매직 퍼머로드

2) 열파마 기구

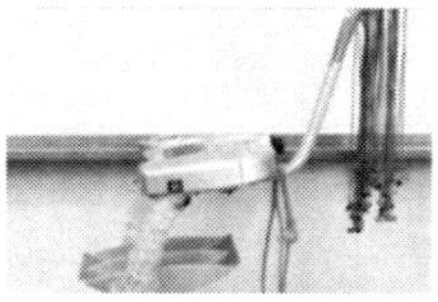

디지털펌기

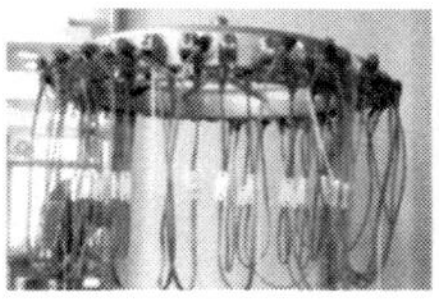

세팅펌기

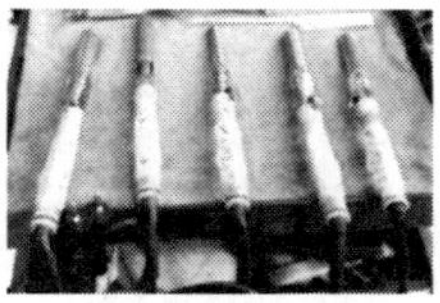

아이론기

3) 와인딩 도구

고무줄, 타이머, 꼬리빗, 앤드페이퍼, 스틱, 핀셋, 볼, 미용 장갑, 비닐캡, 헤어밴드, 타월, 웨건

3 퍼머넌트 웨이브 고객 준비하기

- 퍼머넌트 웨이브 준비하기에 대하여 알 수 있다.
- 고객 가운과 어깨보를 준비하여 고객에게 착용할 수 있다.
- 고객 가운 착용을 위해 롤 플레잉을 할 수 있다.
- 고객을 시술의자에 안내할 수 있다.

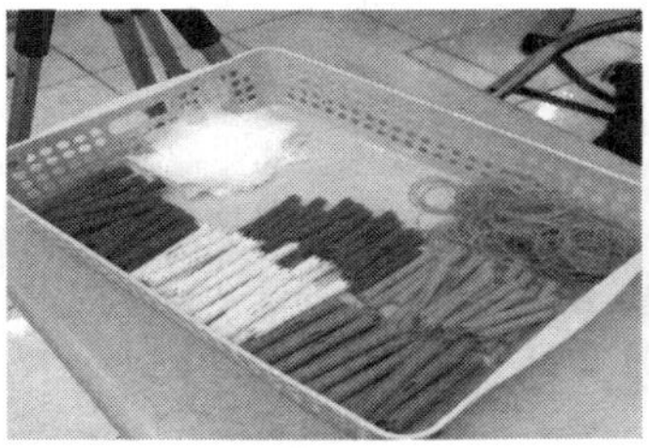

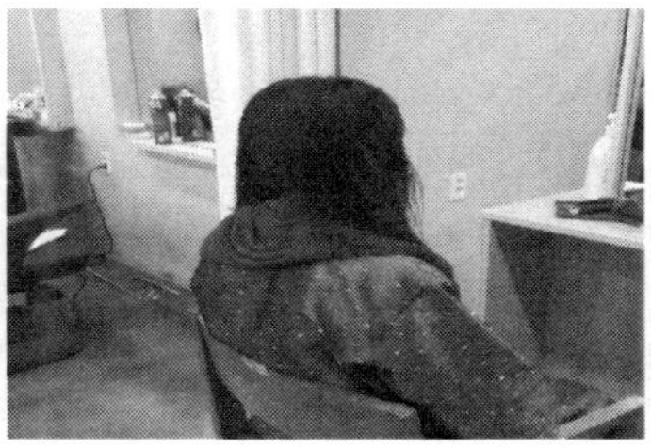

수행내용

- 고객에게 반갑게 인사하기
- 시술 내용을 파악 후 고객 가운 드리기
- 시술대에 안내해 드리기

[고객 가운 드리고 안내하는 방법]	[퍼머 준비]

학습정리

1. 퍼머넌트 웨이브 준비하기에 대하여 알 수 있다.
2. 고객에게 가운과 어깨보를 착용하기 위한 롤 플레잉을 통하여 산업현장에서 이루어지는 모든 시술의 어깨보를 착용할 수 있다.

수행평가(체크리스트)				
번 호	항 목	미흡	보통	우수
1	고객에게 어깨보, 가운 등을 착용해 줄 수 있다.	①	②	③
2	고객을 시술대에 안내해드릴 수 있다.	①	②	③

피드백

1. 고객에게 어깨보, 커트보, 가운 등을 착용하는 법을 할 수 있다.
2. 모발의 수분 함량 조절을 커트 방법과 손상 정도에 따라서 조절할 수 있다.

학습 3 퍼머넌트 웨이브 하기

주 차	3/15
능력단위요소	수행준거
베이직 헤어펌하기 (1201010120_16v3)	1.3. 모발 길이 등 모발의 상태에 따라 사용할 호수별 로드, 밴드, 앤드페이퍼 등 필요한 도구 및 재료를 준비할 수 있다. 1.4. 모발에 사전 처리 작업으로 전처리제 도포 및 연화 또는 유화작업을 할 수 있다.
학습목표	-모발과 퍼머넌트웨이브의 관계에 대하여 알 수 있다. -모질에 따라서 웨이브제를 선택할 수 있다. -기본 파마를 하기 위하여 블로킹을 할 수 있다. -기본 파마와인딩을 할 수 있다.

학습내용

1 모발과 퍼머넌트 웨이브제의 관계

1) 모발의 질

사람의 모발은 모질, 모류, 모량 등의 개인차가 있고 여러 가지 모질로 되어 있다. 이러한 모질을 파악하는 것이 기본적으로 중요하다.

2) 모발에 따른 기술

모질에 따라 로드의 크기, 종류, 와인딩할 모발의 양에 따라 와인딩 테크닉이 달라질 수 있다.

3) 모질에 따른 퍼머넌트 웨이브제 선택

모질에 따라 퍼머넌트 웨이브제를 적절하게 사용하여야 한다.

(1) 건강모의 경우 pH 7.5~9의 티오글리콜산 환원제(1제)를 준비한다.

(2) 발수성모, 경모인 경우 pH 9.0~9.6 티오글리콜산 환원제(1제)를 준비한다.

(3) 염색 모발, 손상 모발, 연모인 경우 pH 8.0~9.5의 시스테인 환원제(1제)를 준비한다.

(4) 극 손상모일 경우 pH 4.5~7 미만의 티오글리콜산 환원제(1제)를 준비한다.

4) 퍼머넌트 웨이브 2제(산화제)

- 산화제 – 브롬산나트륨, 과산화수소
- 산화제 역할 – 1제에 의해 잘린 시스틴 결합을 재결합시키는 작용을 한다.

5) 퍼머넌트 웨이브제의 온도와 캡

- 화학반응은 온도와 밀접한 관계가 있다.
- 퍼머넌트 웨이브에서 웨이브 효율을 높이기 위해 시술 시 캡을 사용한다.
- 퍼머넌트 웨이브제의 액체 온도와 제 1제 및 제 2제 반응 시의 온도, 모발과의 반응 온도의 높고 낮음은 웨이브 형성력이나 반응 시간에 큰 영향을 준다.

캡을 씌우는 목적
– 알칼리의 휘발을 방지, pH를 일정하게 유지하도록 한다.
– 공기와의 접촉을 차단해 제 1제의 공기 산화를 방지한다.

2 9등분 블로킹

펌의 가장 기본적인 직사각형 패턴으로 두상의 곡면을 이해하고 정확하게 와인딩을 위한 블로킹을 시연하여 설명한다.

- 9등분 블로킹을 설명하고 시연한다.
- 두상의 곡면을 이해할 수 있게 설명한다.
- 9등분 블로킹의 순서에 맞게 시술하는 방법을 설명하고 시연한다.

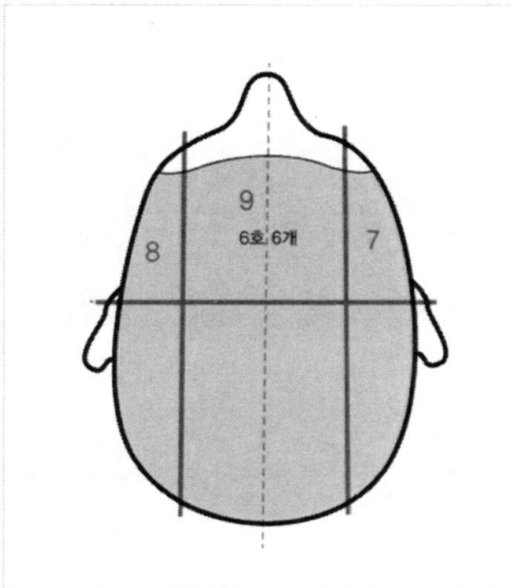

윗 면

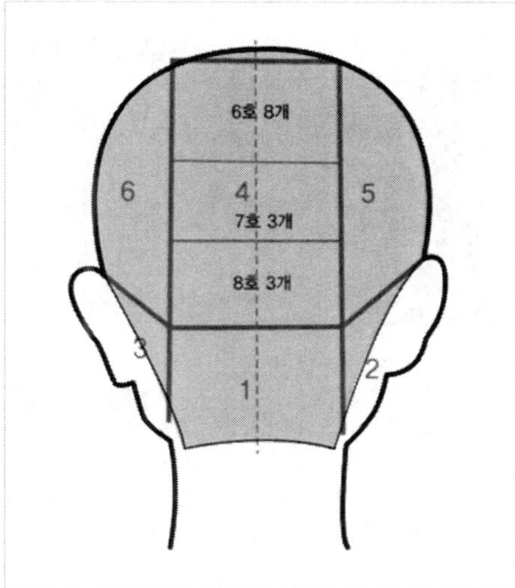

뒷 면

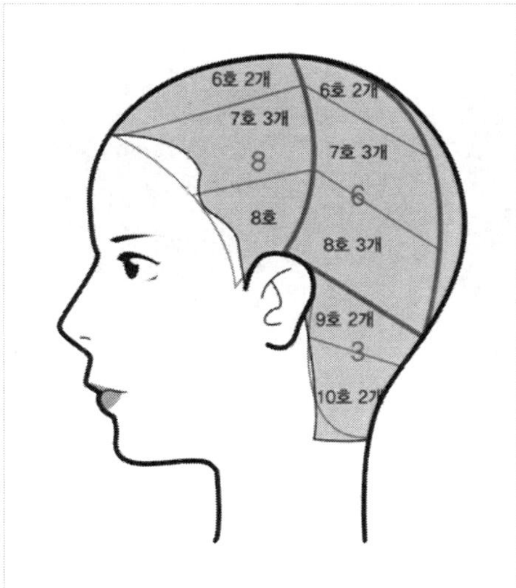

좌 면

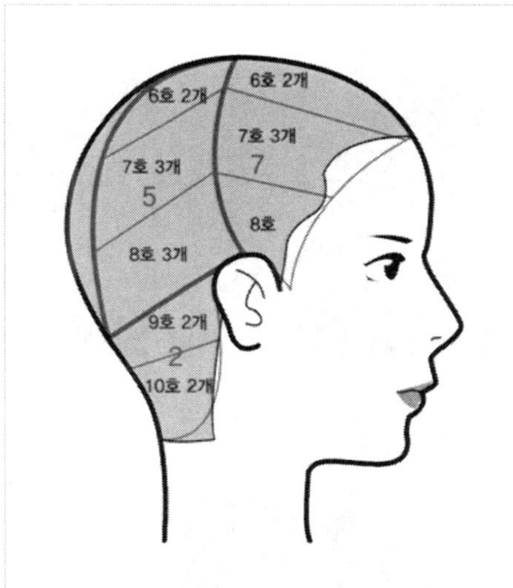

우 면

3 기본 와인딩

- 기본 와인딩을 하기 위하여 슬라이스, 빗질, 각도, 텐션을 유지한다.
- 퍼머넌트 시술 순서는 네이프부터 시작한다. (디자인에 따라 다르게 할 수도 있다.)
- 네이프의 퍼머넌트 와인딩에 대한 시연을 한다.

1. 판넬(슬라이스)을 나눈다.

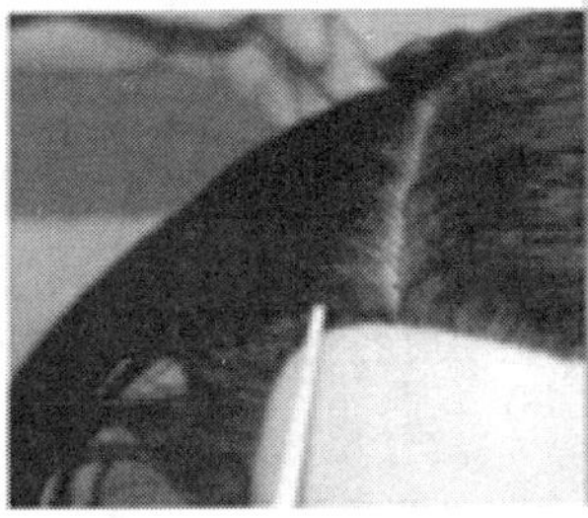

2. 뿌리부터 빗질

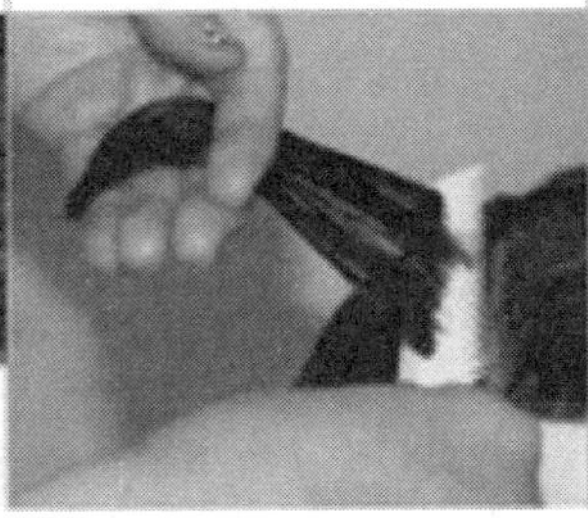

3. 페이퍼 고정

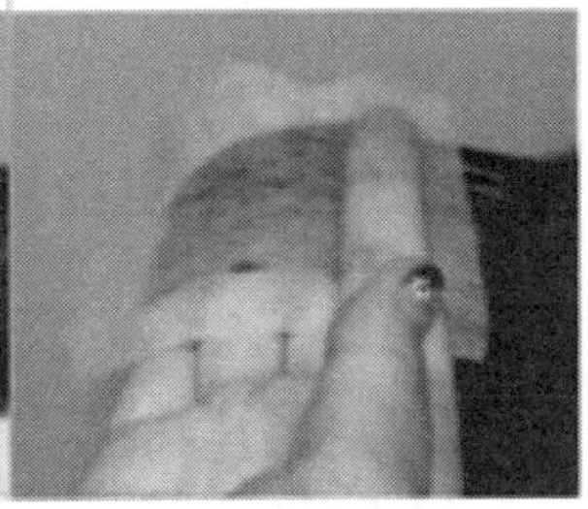

4. 페이퍼 모션 정리

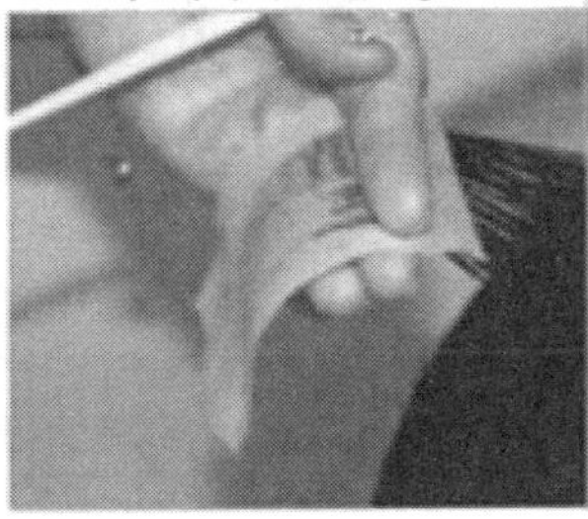

5. 로드 고정

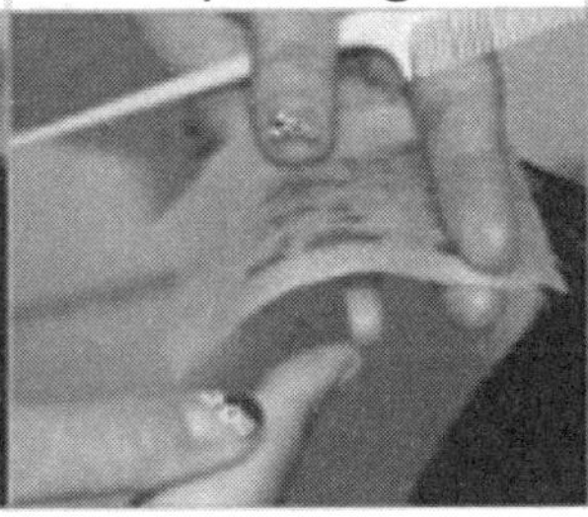

6. 모션이 꺾이지 않게 와인딩

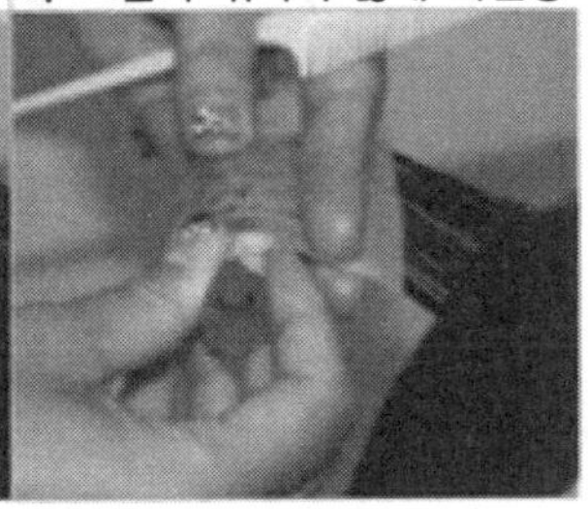

7. 와인딩 진행

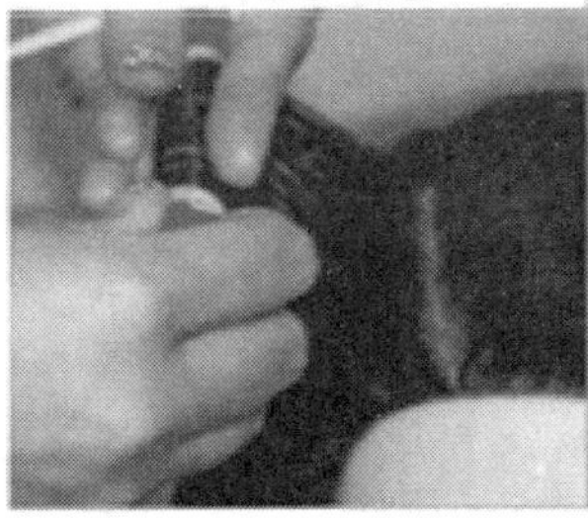

8. 텐션주면서 와인딩

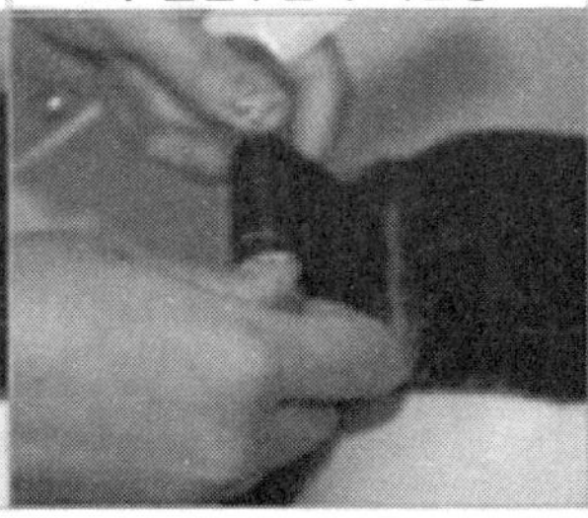

9. 뿌리 0.5 띄우고

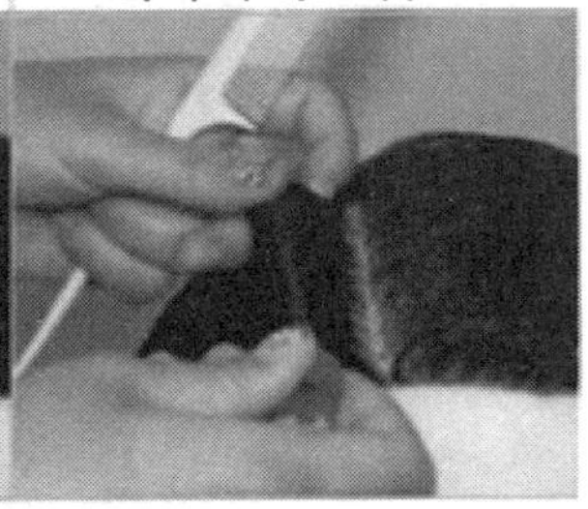

10. 와인딩 완성 벤딩처리

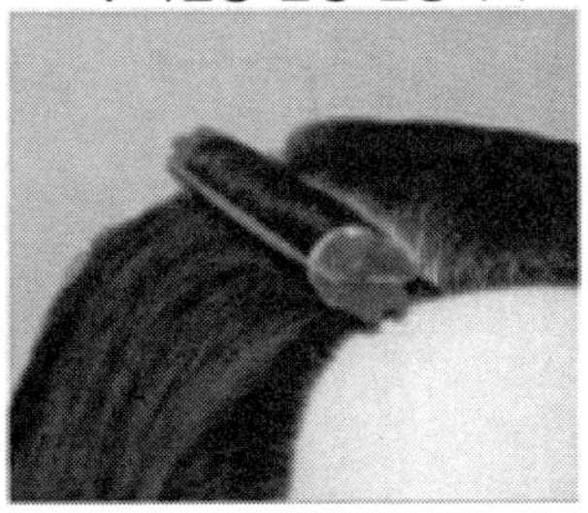

수행내용

- 9등분 블로킹을 할 수 있다.
- 두상의 곡면을 이해할 수 있다.

- 9분 블로킹의 순서에 맞게 시술하는 방법을 설명할 수 있다.
- 기본 와인딩에 대하여 알 수 있다.
- 퍼머넌트 기본 와인딩을 할 수 있다.
- 네이프의 퍼머넌트 와인딩을 할 수 있다.
- 모질을 파악하여 모질에 따른 퍼머약을 선택할 수 있다.

[블로킹]	[기본 파마 와인딩 방법]

학습정리

1. 모발과 퍼머넌트 웨이브의 관계에 대하여 알 수 있다.
2. 모질에 따라서 웨이브제를 선택할 수 있다.
3. 기본 파마를 하기 위하여 블로킹을 할 수 있다.
4. 기본 파마 와인딩을 할 수 있다.

수행평가(체크리스트)				
번 호	항 목	미흡	보통	우수
1	모발에 사전 처리 작업으로 전처리제 도포 및 연화 또는 유화작업을 할 수 있다.	①	②	③
2	모발 길이 등 모발의 상태에 따라 사용할 호수별 로드, 밴드, 앤드페이퍼 등 필요한 도구 및 재료를 준비할 수 있다.	①	②	③

피드백

학습 4 퍼머넌트 웨이브 하기

주 차	4/15
능력단위요소	수행준거
베이직 헤어펌하기 (1201010120_16v3)	1.3. 모발 길이 등 모발의 상태에 따라 사용할 호수별 로드, 밴드, 앤드페이퍼 등 필요한 도구 및 재료를 준비할 수 있다. 1.4. 모발에 사전 처리 작업으로 전처리제 도포 및 연화 또는 유화작업을 할 수 있다.
학습목표	-모발의 화학적 결합관계에 대하여 알 수 있다. -측쇄결합의 종류에 대하여 알 수 있다. -기본 퍼머 와인딩을 할 수 있다.

학습내용

1 모발의 화학적 결합관계

1) 펩타이드 결합

- 모발의 결합 중 가장 강한 결합으로 아미노산과 아미노산의 결합으로 이루어진다.
- 모발에 있어 세로로 결합이 되어 있어 세로결합이라고도 하며, 주쇄결합이라고도 한다.

2) 시스틴 결합

- 이황화결합이라고 하는데, 이는 황과 황(S)의 결합이기 때문이다.
- 시스틴 결합이 절단되어 모발이 잘 늘어나고, 형태 변형이 쉬워 로드 등으로 모발의 형을 변화시킬 수 있다.

3) 염 결합

- 전기적인 (+)와 (-)의 결합으로 이온결합이라고도 한다.
- 모발이 가장 안정적인 상태는 pH 4.5~5.5 범위이다.

• 범위를 벗어나면 염 결합이 절단되고, 이 범위에 들어오면 재결합이 이루어져 안정된 상태가 된다.

4) 수소 결합

• 수소(H)와 산소(O)의 결합이다.
• 퍼머제의 성분 중 정제수에 의해 절단되고, 모발이 마르면 다시 수소 결합이 이루어진다.

2 측쇄결합의 종류

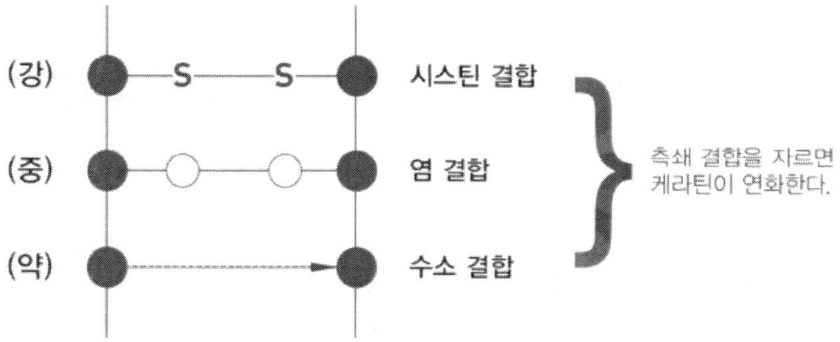

〈웨이브 원리〉

수행내용

• 9등분 블로킹을 할 수 있다.
• 두상의 곡면을 이해할 수 있다.
• 9분 블로킹의 순서에 맞게 시술하는 방법을 설명할 수 있다.
• 기본 와인딩에 대하여 알 수 있다.
• 퍼머넌트 기본 와인딩을 할 수 있다.
• 네이프의 퍼머넌트 와인딩을 할 수 있다.
• 모질을 파악하여 모질에 따른 퍼머약을 선택할 수 있다.

[블로킹]	[기본파마 와인딩 방법]

학습정리

1. 모발의 화학적 결합관계에 대하여 알 수 있다.
2. 측쇄결합의 종류에 대하여 알 수 있다.
3. 기본 퍼머 와인딩을 할 수 있다.

수행평가(체크리스트)				
번 호	항 목	미흡	보통	우수
1	모발에 사전 처리 작업으로 전처리제 도포 및 연화 또는 유화작업을 할 수 있다.	①	②	③
2	모발 길이 등 모발의 상태에 따라 사용할 호수별 로드, 밴드, 앤드페이퍼 등 필요한 도구 및 재료를 준비할 수 있다.	①	②	③

피드백

학습 5 퍼머넌트 웨이브 하기

주 차	5/15
능력단위요소	수행준거
베이직헤어펌하기 1201010120_16v3	1.3. 모발 길이 등 모발의 상태에 따라 사용할 호수별 로드, 밴드, 앤드페이퍼 등 필요한 도구 및 재료를 준비할 수 있다. 1.4. 모발에 사전 처리 작업으로 전처리제 도포 및 연화 또는 유화작업을 할 수 있다.
학습목표	- 퍼머넌트 웨이브의 원리에 대하여 알 수 있다. - 퍼머넌트 웨이브의 1제, 2제 작용에 대하여 알 수 있다. - 기본 퍼머 와인딩을 할 수 있다.

학습내용

1 웨이브의 원리

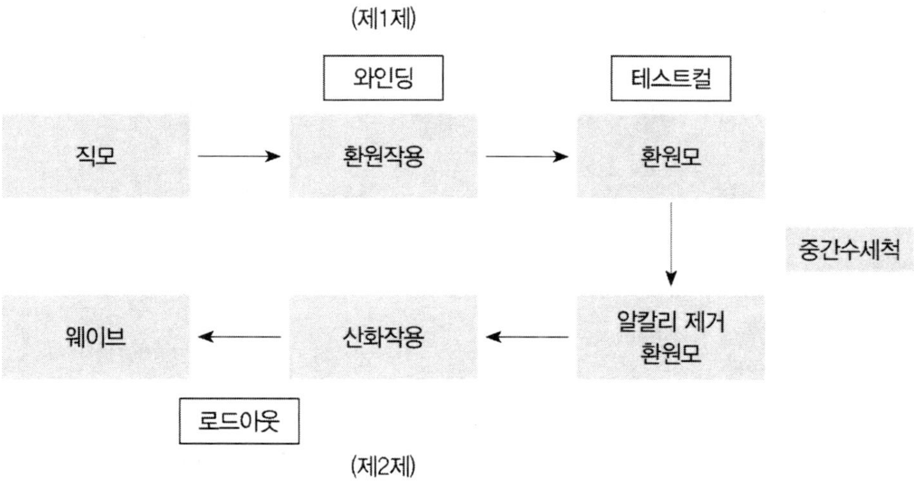

〈퍼머넌트 웨이브 원리〉

2 퍼머넌트 웨이브 1제의 환원작용

- 환원이라는 것은 수소와 결합하는 것이다.
- 환원제는 자신은 산화되면서 상대 물질을 환원시키는 물질로 반응 중 산소를 잃거나 전자를 얻는다.

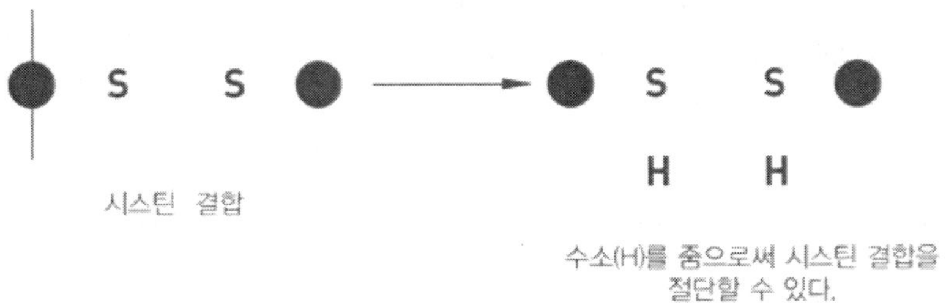

〈환원제 작용〉

3 퍼머넌트 웨이브 2제의 산화작용

- 산화는 산소와 결합하는 것이다.
- 산화제는 상대를 산화시키는 물질로 환원되는 물질이다. (산화제가 산소이다.)

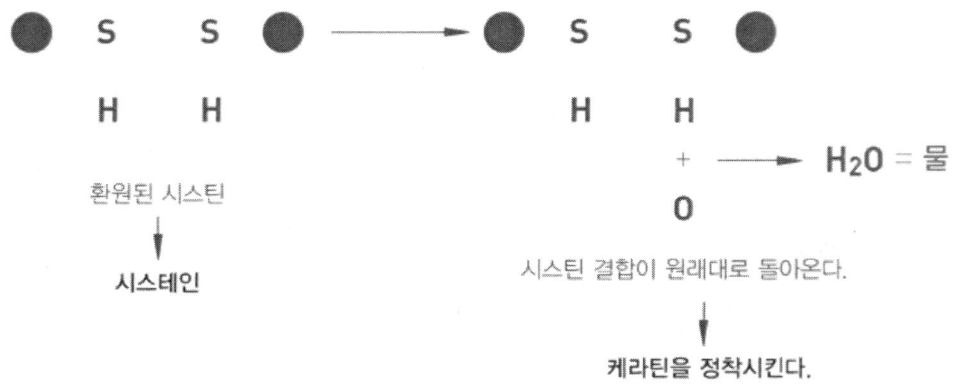

〈산화작용〉

수행내용

- 9등분 블로킹을 할 수 있다.
- 두상의 곡면을 이해할 수 있다.
- 9등분 블로킹의 순서에 맞게 시술하는 방법을 설명할 수 있다.
- 기본 와인딩에 대하여 알 수 있다.
- 퍼머넌트 기본 와인딩을 할 수 있다.
- 네이프의 퍼머넌트 와인딩을 할 수 있다.
- 모질을 파악하여 모질에 따른 퍼머약을 선택할 수 있다.

[블로킹]	[기본파마 와인딩 방법]

학습정리

1. 퍼머넌트 웨이브의 원리에 대하여 알 수 있다.
2. 퍼머넌트 웨이브의 1제, 2제 작용에 대하여 알 수 있다.
3. 기본 퍼머 와인딩을 할 수 있다.

피드백

학습 6 크로키놀식 와인딩 하기

주 차	6/15
능력단위요소	수행준거
베이직 헤어펌 마무리하기 (1201010120_02.16v3)	2.1. 크로키놀식 및 스파이럴식 기법으로 와인딩 할 수 있다.
학습목표	-퍼머넌트 웨이브의 효율에 대하여 알 수 있다. -와인딩 위치에 따른 웨이브에 대하여 알 수 있다. -크로키놀식의 와인딩을 할 수 있다.

학습내용

1 퍼머넌트 웨이브의 효율

1) 웨이브 효율 측정

• SP효율은 높이와 폭의 비이다.

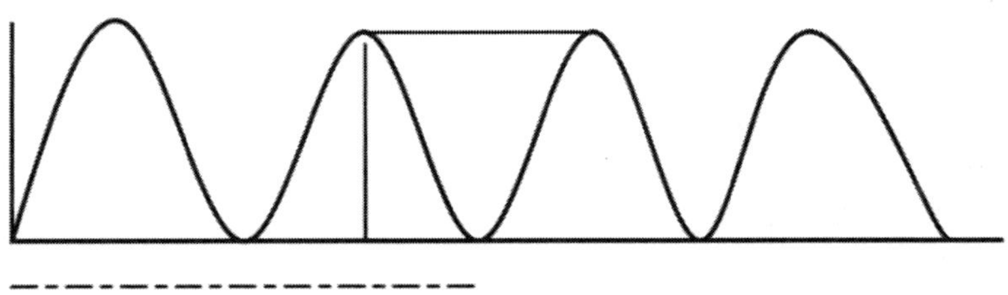

2) 로드와 웨이브의 비율

• 기본적으로 1회전 1/2과 2회전에서 컬의 모양이 S형으로 형성된다.
• 사용 약제, 사용 로드, 와인딩 텐션 등에 따라 다르게 형성될 수도 있다.

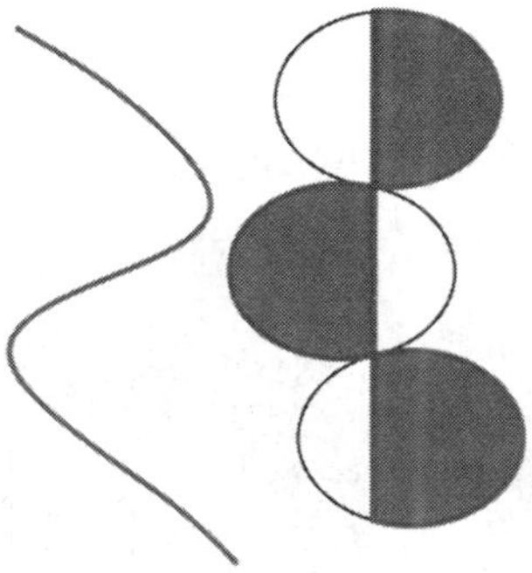

2 와인딩 위치에 따른 웨이브

1) 크로키놀식 와인딩

• 일반적인 와인딩 기법으로 모선에서 모근 방향으로 와인딩하는 기법이다.
• 모발이 계속적으로 겹쳐서 와인딩되는 것이다.

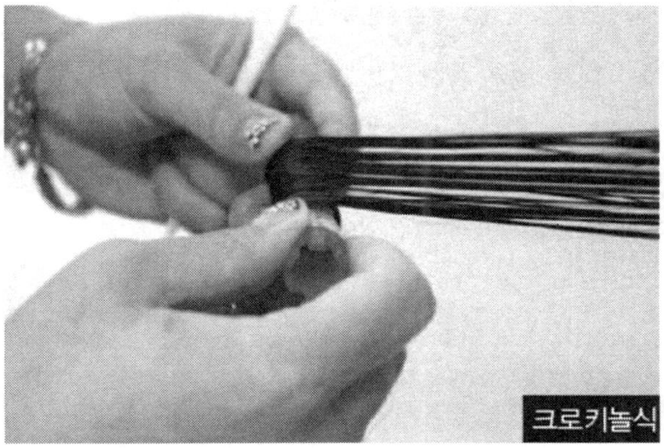
크로키놀식

2) 스파이럴 와인딩

• 나사선 모양으로 모발을 와인딩하는 기법이다.
• 모선 또는 모근에서 시술할 수 있고, 그냥 모발을 와인딩하는 것과 모발을 꼬아서 와인딩 하는 것으로 나눌 수 있다.
• 모발을 꼬아서 와인딩하면 모발의 컬이 더 탄력있게 표현된다.

(1) 스파이럴 모선 와인딩

〈스파이럴 와인딩(느슨하게)〉

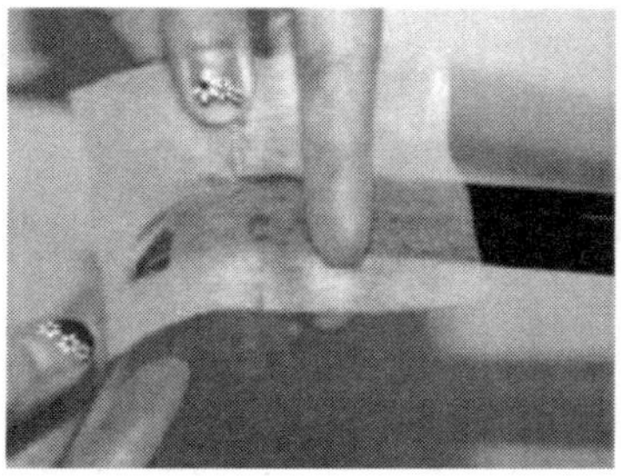

01 모선을 꼬지 않고 가지런히 정리

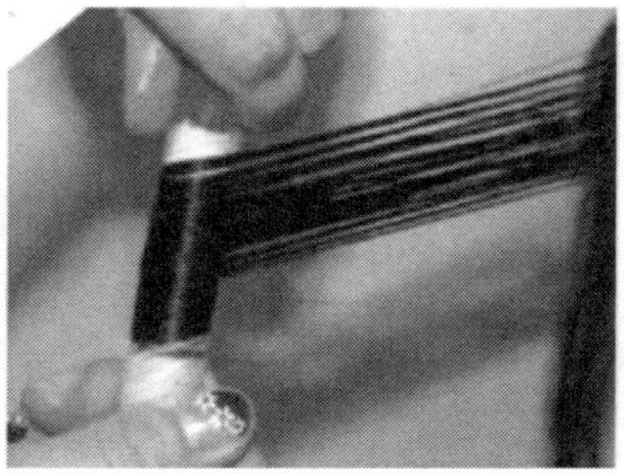

02 모선부터 와인딩한다.

03 뿌리까지 와인딩

(2) 스파이럴 모근 와인딩

〈스파이럴 와인딩(느슨하게)〉

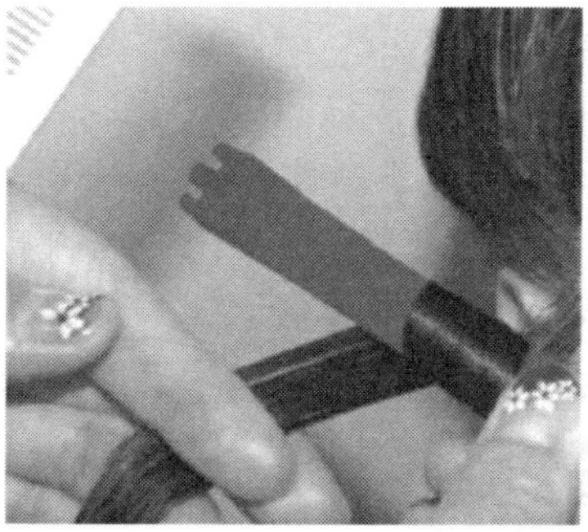

01 모선을 꼬지 않고 가지런히 정리

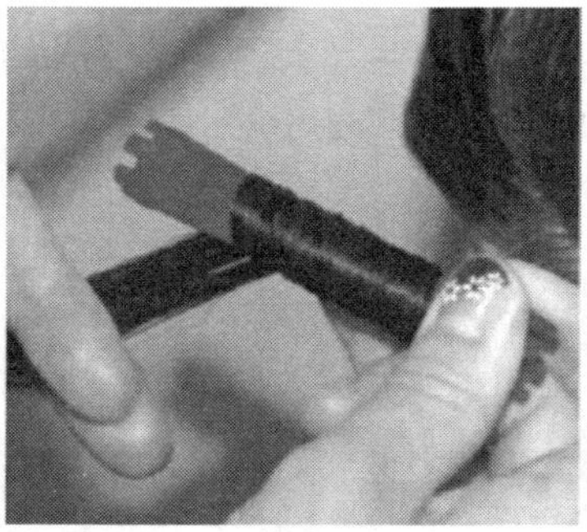

02 와인딩 진행

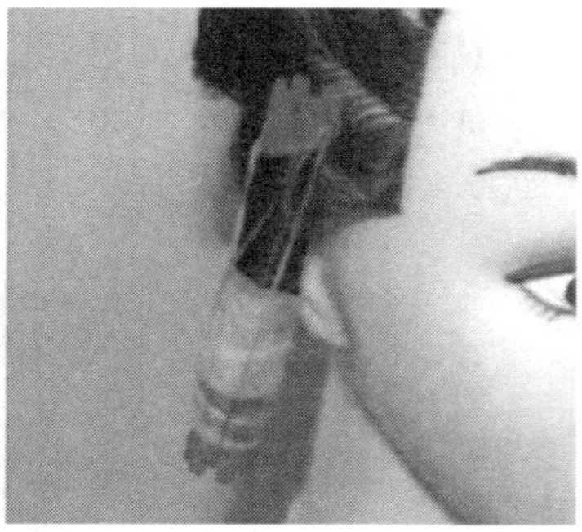

03 와인딩 완성

수행내용

- 웨이브의 효율에 대하여 알 수 있다.
- 퍼머넌트 웨이브의 크로키놀식과 스파이럴식을 알 수 있다.

[크로키놀식]	[크로키놀식]

학습정리

1. 퍼머넌트 웨이브의 효율에 대하여 알 수 있다.
2. 크로키놀식과 스파이럴식 웨이브에 대하여 알 수 있다.

수행평가(체크리스트)				
번 호	항 목	미흡	보통	우수
1	크로키놀식 기법으로 와인딩 할 수 있다.	①	②	③

피드백

학습 7 스파이럴식 와인딩 하기

주 차	7/15
능력단위요소	수행준거
베이직 헤어펌 마무리하기 (1201010120_02.16v3)	2.1. 크로키놀식 및 스파이럴식 기법으로 와인딩 할 수 있다.
학습목표	-와인딩 위치에 따른 웨이브에 대하여 알 수 있다. -스파이럴식의 모선, 모근 와인딩을 할 수 있다.

학습내용

1 와인딩 위치에 따른 웨이브

1) 크로키놀식 와인딩

- 일반적인 와인딩 기법으로 모선에서 모근 방향으로 와인딩하는 기법이다.
- 모발이 계속적으로 겹쳐서 와인딩되는 것이다.

크로키놀식

2) 스파이럴 와인딩

- 나사선 모양으로 모발을 와인딩하는 기법이다.
- 모선 또는 모근에서 시술할 수 있고, 그냥 모발을 와인딩하는 것과 모발을 꼬아서 와인딩 하는 것으로 나눌 수 있다.
- 모발을 꼬아서 와인딩하면 모발의 컬이 더 탄력있게 표현된다.

(1) 스파이럴 모선 와인딩

〈스파이럴 와인딩(느슨하게)〉

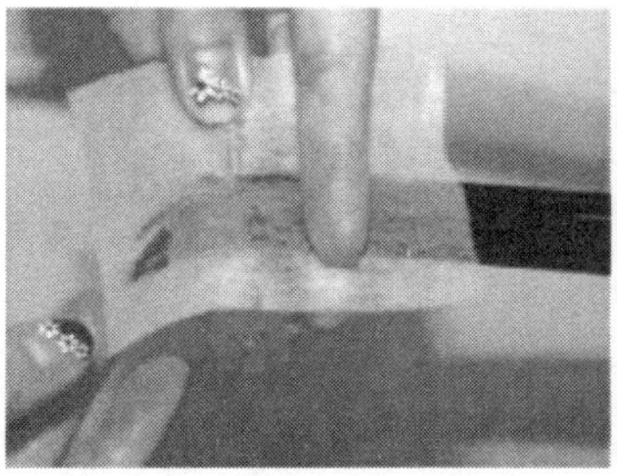
01 모선을 꼬지 않고 가지런히 정리

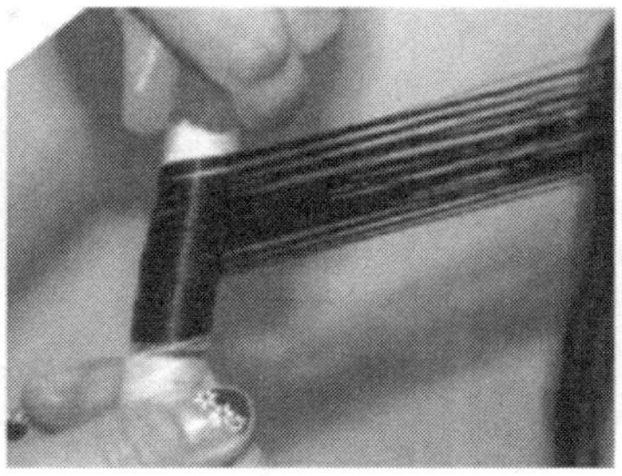
02 모선부터 와인딩한다.

03 뿌리까지 와인딩

(2) 스파이럴 모근 와인딩

〈스파이럴 와인딩(느슨하게)〉

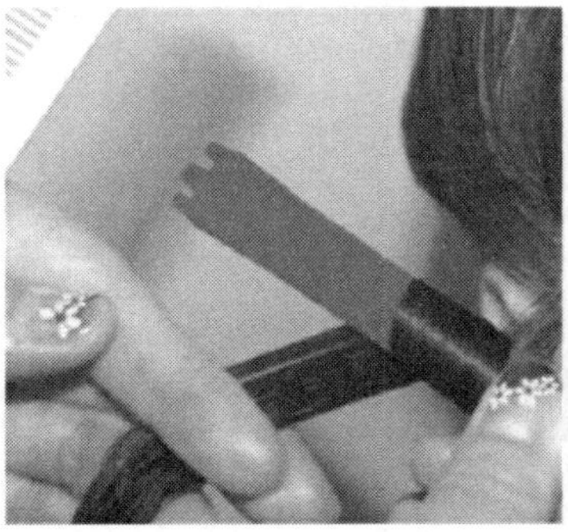
01 모선을 꼬지 않고 가지런히 정리

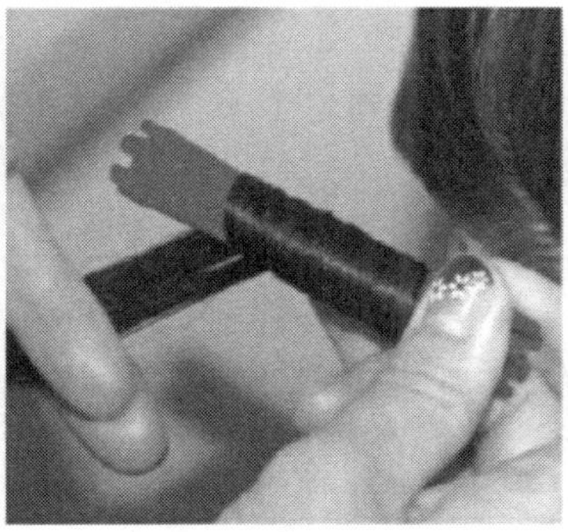
02 와인딩 진행

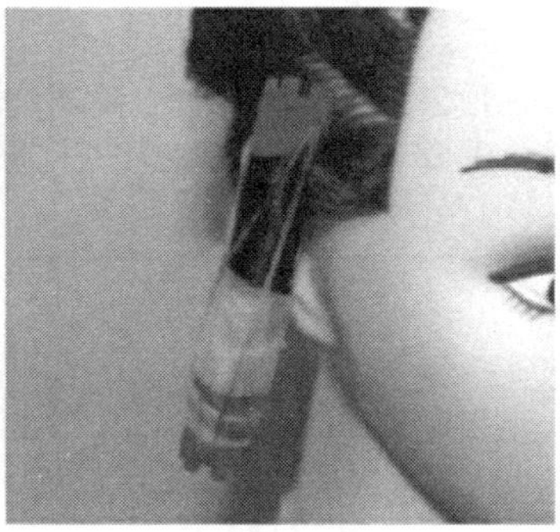
03 와인딩 완성

수행내용

- 퍼머넌트 웨이브의 크로키놀식과 스파이럴식을 알 수 있다.
- 스파이럴식 모선 와인딩을 할 수 있다.
- 스파이럴식 모근 와인딩을 할 수 있다.

[스파이럴식 모선 와인딩]	[스파이럴식 모근 와인딩]

학습정리

1. 와인딩 위치에 따른 웨이브에 대하여 알 수 있다.
2. 스파이럴식의 모선, 모근 와인딩을 할 수 있다.

수행평가(체크리스트)				
번 호	항 목	미흡	보통	우수
1	스파이럴식 기법으로 와인딩 할 수 있다.	①	②	③

피드백

학습 8 제1차 직무능력평가

주 차	8/15
능력단위요소	수행준거
베이직 헤어펌 마무리하기 (1201010120_02.16v3)	2.1. 크로키놀식 및 스파이럴식 기법으로 와인딩 할 수 있다.
학습목표	-제 1차 직무능력 수행평가

평가 관점		배 점
베이직 헤어펌하기 (1201010120_02.16v3)	1.3. 모발 길이 등 모발의 상태에 따라 사용할 호수별 로드, 밴드, 앤드페이퍼 등 필요한 도구 및 재료를 준비할 수 있다.	5.0
	1.4. 모발에 사전 처리 작업으로 전처리제 도포 및 연화 또는 유화작업을 할 수 있다.	5.0
	2.1. 크로키놀식 및 스파이럴식 기법으로 와인딩 할 수 있다.	5.0
	2.2. 와인딩된 모발에 1제를 도포하고 타월밴드 및 비닐캡 처리를 할 수 있다.	3.0
	2.4. 웨이브의 형성 정도를 파악하기 위해 중간테스트를 할 수 있다.	3.0
	2.5. 헤어 펌의 유형에 따른 중간 세척을 할 수 있다.	2.0
베이직 헤어펌 마무리하기 (1201010120_02.16v3)	3.1. 헤어 퍼머넌트 웨이브 유형에 따라 마무리를 위해 모발 잔여 수분 함량을 조절할 수 있다.	4.0
	3.2. 헤어 퍼머넌트 웨이브 유형에 따라 헤어스타일 연출 제품을 사용하여 마무리할 수 있다.	3.0
베이직 헤어펌 마무리하기(태도)	고객만족을 위해 노력하는 자세	10

학습 9 사선 와인딩 하기

주 차	9/15
능력단위요소	수행준거
베이직 헤어펌 마무리하기 (1201010120_02.16v3)	2.1. 크로키놀식 및 스파이럴식 기법으로 와인딩 할 수 있다.
학습목표	-퍼머넌트 시술과정을 알 수 있다. -사선 와인딩 퍼머넌트를 할 수 있다.

학습내용

1 퍼머넌트 시술과정

- 퍼머를 하기 전에 모발의 손상을 줄이고 효과적인 약제를 선택하기 위하여 모발의 상태를 체크하는 진단을 실시한다.
- 모발 진단 결과에 따라 퍼머의 종류, 전처리 제품, 파마액 등 퍼머 시술 시 사용되는 모든 제품과 과정을 선정한다.

1) 시술 전 단계

- **모발진단** : 모발의 손상을 줄이고, 효과적인 약제를 선택하기 위하여 모발의 상태를 체크하는 진단을 실시한다. 결과에 따라 퍼머의 종류, 전처리 제품, 파마액 등 모든 제품과 과정을 선정한다.
- 건조한 유분과 수분의 함유량이 적으므로, 수분의 보충이 중요하다.

2) 전처리 샴푸

시술 전 모발의 헤어스타일링제나 지나친 유분을 깨끗이 제거함으로써 펌제의 흡수를 돕고 형성을 용이하게 하는 단계이다.

3) 타월드라잉

건조 타월 등을 이용해 모발의 수분을 털어내는 것이다.

4) 사전처리

펌 웨이브제를 사용하기 전에 모발 손상 방지 및 모질을 개선해서 균일한 웨이브를 얻기 위해 행해지는 전박적인 시술처리를 의미한다.

2 사선 와인딩 퍼머넌트

- 크게 파팅할 수 사선으로 섹션을 나누어 와인딩 한다.
- 머리 길이, 웨이브 크기를 고려하여 섹션 폭과 로드의 굵기를 선택하여 와인딩한다.

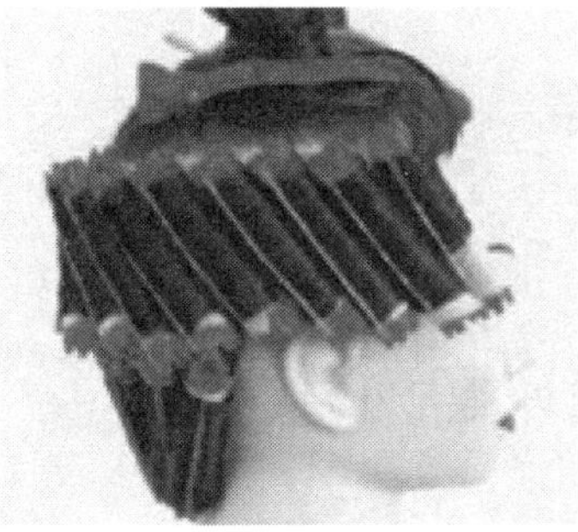
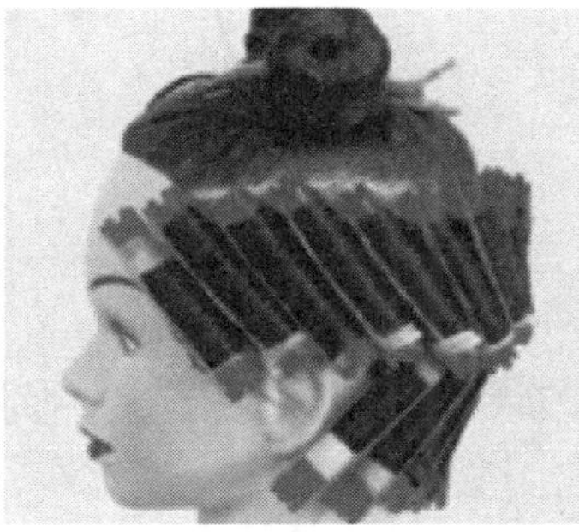

3 도해도

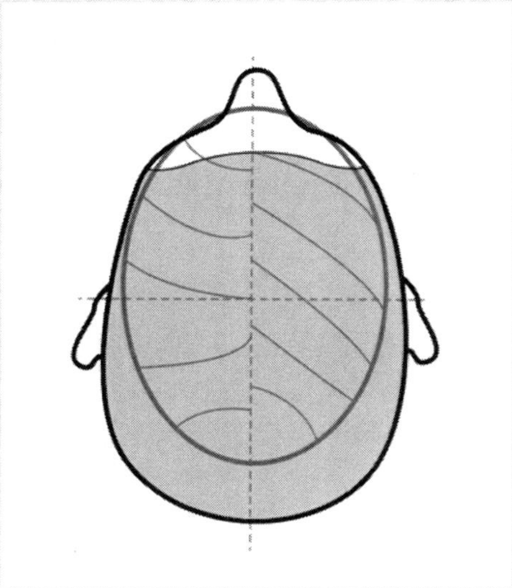

윗면

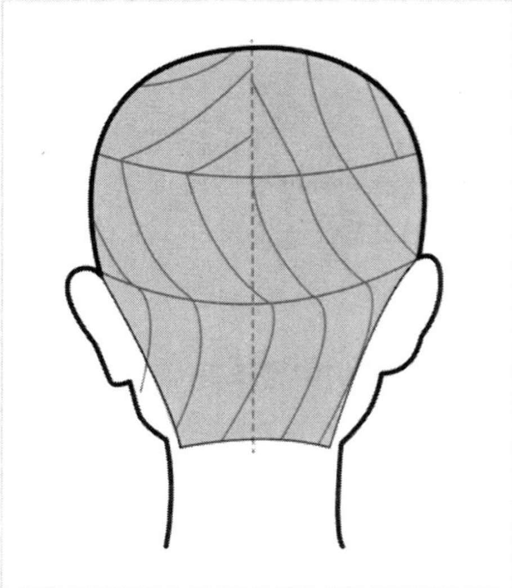

뒷면

4 시술도구

기본 로드(굵은 로드), 페이퍼, 고무줄, 꼬리빗, 위그, 마네킹, 홀더, 분무기 등

수행내용

- 도해도에 맞게 와인딩 할 수 있다.
- 머리 길이, 웨이브 크기를 고려하여 섹션 폭과 로드의 굵기를 선택할 수 있다.
- 사선 와인딩을 완성할 수 있다.

[시술과정]	[사선와인딩 완성]

학습정리

1. 퍼머넌트 시술 과정을 알 수 있다.
2. 사선 와인딩 퍼머넌트를 할 수 있다.

수행평가(체크리스트)				
번 호	항 목	미흡	보통	우수
1	와인딩 된 모발에 1제를 도포하고 타월밴드 및 비닐캡 처리를 할 수 있다.	①	②	③
2	헤어 펌의 촉진을 위해 가온기나 음이온 기기 등을 사용하여 열처리를 할 수 있다.	①	②	③

피드백

학습 10 수평벽돌쌓기 와인딩

주 차	10/15
능력단위요소	수행준거
베이직 헤어펌 마무리하기 (1201010120_02.16v3)	2.1. 크로키놀식 및 스파이럴식 기법으로 와인딩 할 수 있다. 2.2. 와인딩 된 모발에 1제를 도포하고 타월밴드 및 비닐캡 처리를 할 수 있다
학습목표	- 퍼머넌트 시술 과정을 알 수 있다. - 수평벽돌쌓기 와인딩을 할 수 있다.

학습내용

1 수평벽돌쌓기

- 전두부부터 벽돌쌓기 형태로 네이프 부분까지 와인딩을 진행한다.
- 머리숱이 적거나, 섹션이나 파팅의 경계를 보정할 때 벽돌쌓기 와인딩한다.

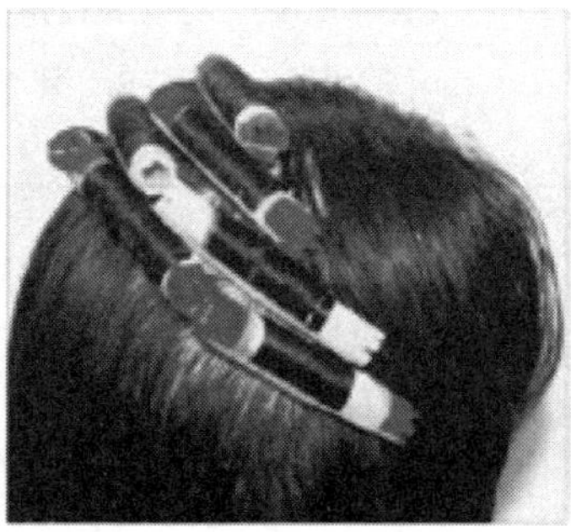

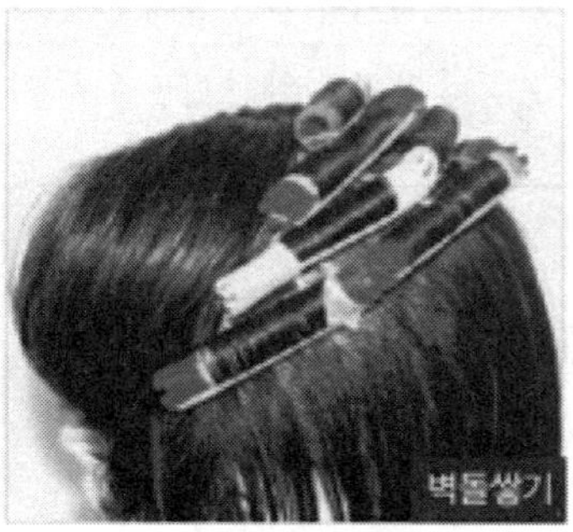

벽돌쌓기

2 도해도

윗 면

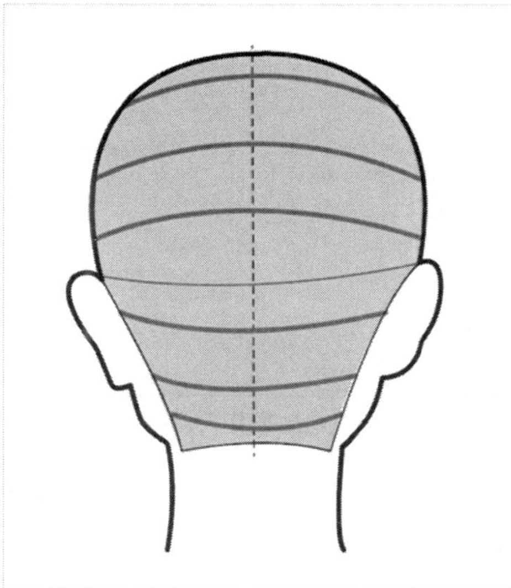
뒷 면

3 사용 도구

기본 로드(굵은 로드), 페이퍼, 고무줄, 꼬리빗, 위그, 마네킹, 홀더, 분무기 등

수행내용

- 도해도에 맞게 와인딩 할 수 있다.
- 머리 길이, 웨이브 크기를 고려하여 섹션 폭과 로드의 굵기를 선택할 수 있다.
- 수평벽돌쌓기 와인딩을 완성할 수 있다.

[시술과정]	[수평벽돌쌓기 완성]

학습정리

1. 퍼머넌트 시술 과정을 알 수 있다.
2. 수평벽돌쌓기 와인딩을 할 수 있다.

피드백

학습 11 오블롱과 벽돌쌓기 혼합형 와인딩

주 차	11/15
능력단위요소	수행준거
베이직 헤어펌 마무리하기 (1201010120_02.16v3)	2.1. 크로키놀식 및 스파이럴식 기법으로 와인딩 할 수 있다. 2.2. 와인딩된 모발에 1제를 도포하고 타월밴드 및 비닐캡 처리를 할 수 있다.
학습목표	–퍼머넌트 시술 과정을 알 수 있다. –오블롱 와인딩을 할 수 있다. –사선 오블롱과 수평벽돌쌓기의 혼합형을 할 수 있다.

학습내용

1 오블롱 와인딩

- 평행한 컬선(C)들로 이루어져 길게 연결하는 기법이다.
- 섹션 폭이 좁아도 와인딩이 가능하다.
- 섹션 베이스의 모양은 주로 마름모 꼴이 되며, 와인딩이 두상의 곡면을 따라 파도치듯이 연결되게 와인딩해야 한다.

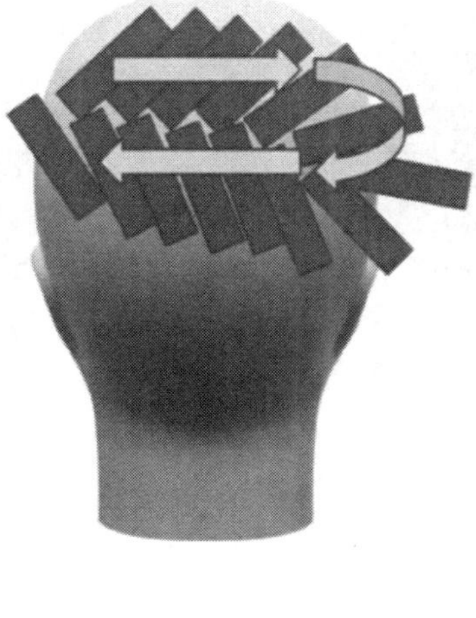

2 오블롱+벽돌쌓기 혼합형

- 사선 오블롱과 수평벽돌쌓기의 혼합 퍼머넌트 웨이브를 한다.
- 전두부부터 3단 사선 오블롱 와인딩을 한다.
- 백포인트부터 벽돌쌓기 와인딩을 한다.

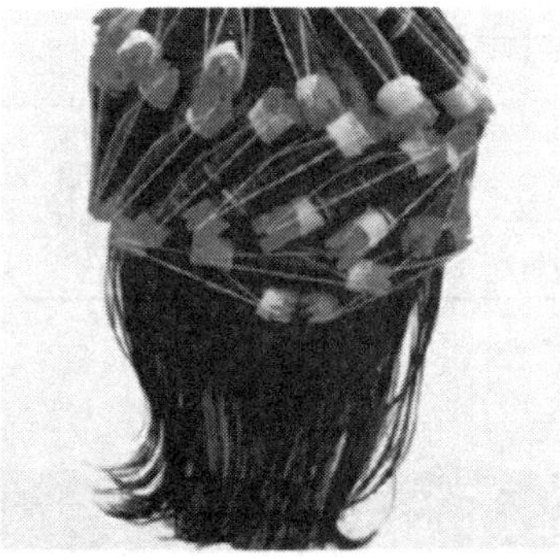
네이프 벽돌쌓기

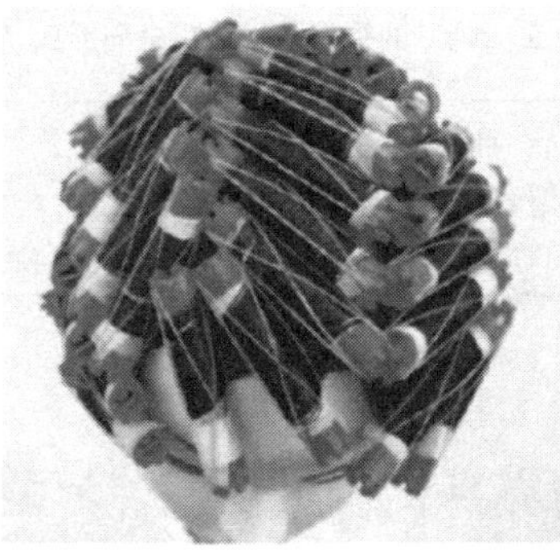
위 완성

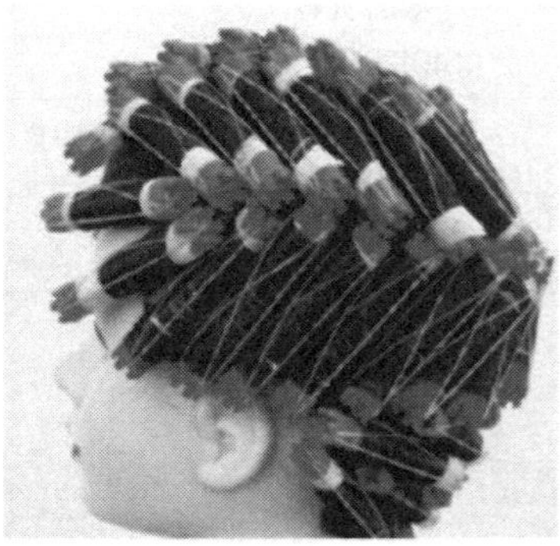
좌측 완성

3 도해도

윗 면

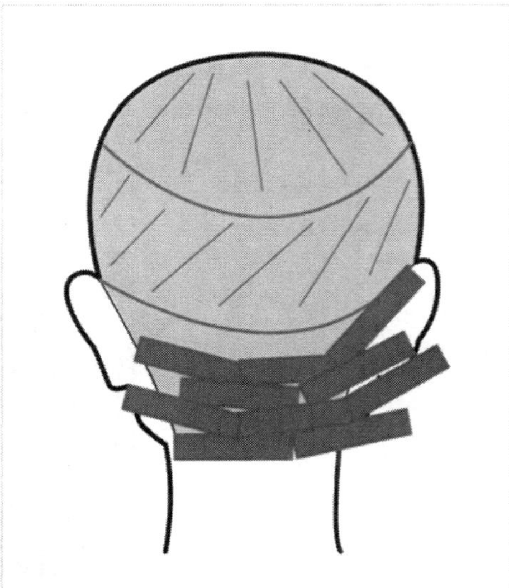
뒷 면

4 사용 도구

기본 로드, 페이퍼, 고무줄, 꼬리빗, 위그, 마네킹, 홀더, 분무기 등

수행내용

- 도해도에 맞게 와인딩 할 수 있다.
- 사선 와인딩(오블롱)과 벽돌쌓기의 혼합형을 할 수 있다.

[시술과정]	[사선 오블롱+벽돌쌓기 혼합형 완성]

학습정리

1. 퍼머넌트 시술과정을 알 수 있다.
2. 오블롱 와인딩을 할 수 있다.
3. 사선 오블롱과 수평벽돌쌓기의 혼합형을 할 수 있다.

피드백

학습 12 프로젝션 와인딩

주 차	12/15
능력단위요소	수행준거
베이직 헤어펌 마무리하기 (1201010120_02.16v3)	2.1. 크로키놀식 및 스파이럴식 기법으로 와인딩 할 수 있다. 2.2. 와인딩 된 모발에 1제를 도포하고 타월밴드 및 비닐캡 처리를 할 수 있다. 2.4. 웨이브의 형성 정도를 파악하기 위해 중간테스트를 할 수 있다.
학습목표	-퍼머넌트 시술 과정을 알 수 있다. -프로젝션 와인딩을 할 수 있다.

학습내용

1 프로젝션 와인딩

- 모발 질감의 표현을 모선 쪽에 두고 모근 쪽 베이스 부분은 퍼머넌트가 되지 않은 상태로 두며 커트의 길이에 따라 머릿결의 질감이 표현되면 커트와 관계가 있다.
- 퍼머넌트의 길이 또는 퍼머가 되지 않는 부분의 길이를 일정하게 유지하면서 무게감을 확장시키거나 커트의 표현을 증가시키기 위해 사용하는 기법이다.

2 프로젝션 종류

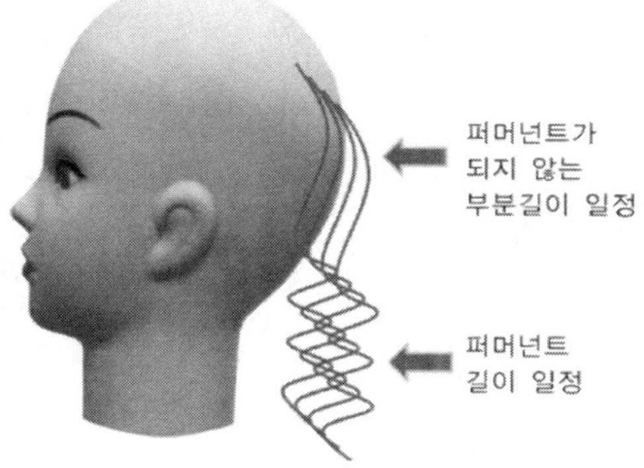

〈일정한 길이〉

종류	와인딩 형태	스타일 특징	특징
수평 프로젝션	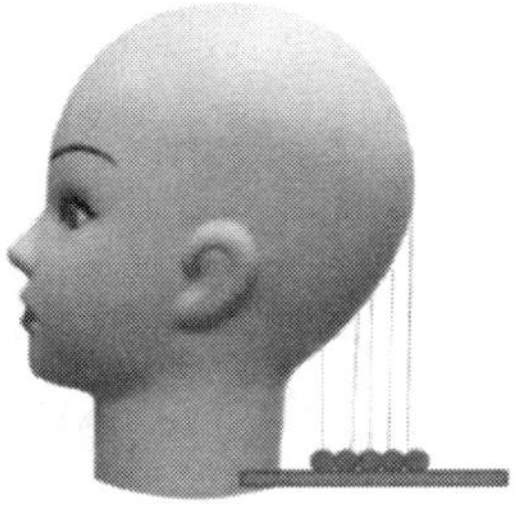	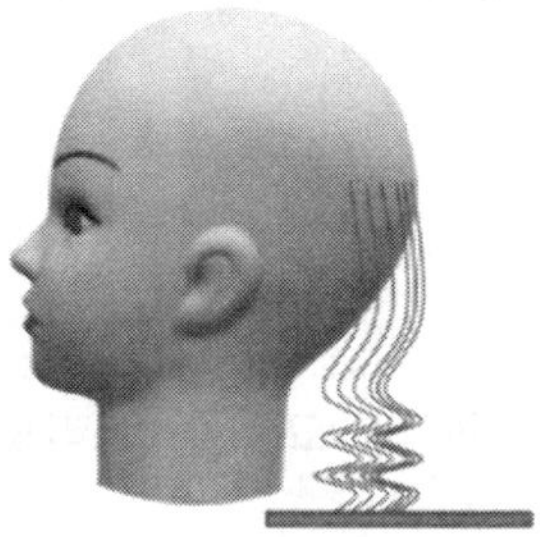	단발머리 스타일에 적용
그레쥬에이션 (업-프로젝션)	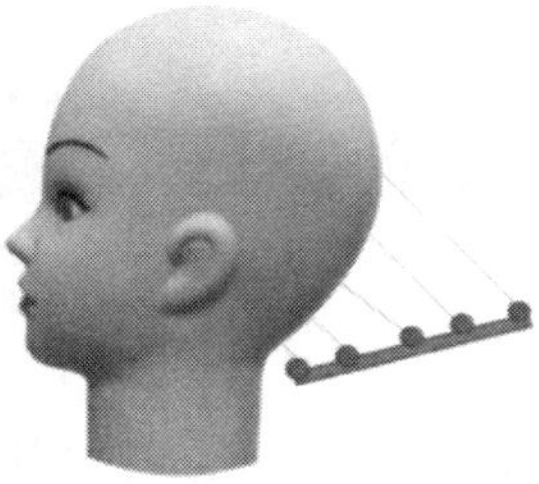	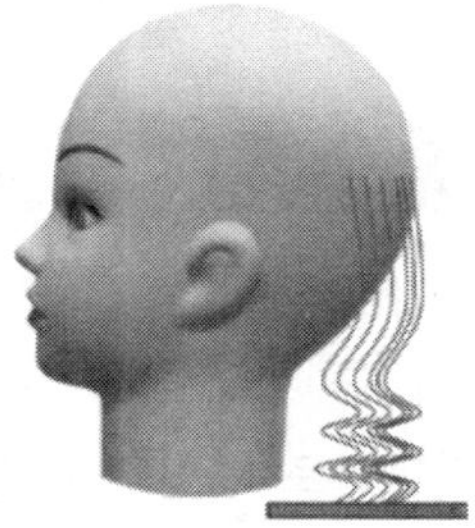	단차를 따라서 컬의 흐름을 표현
인트리스레이어 (다운 프로젝션)	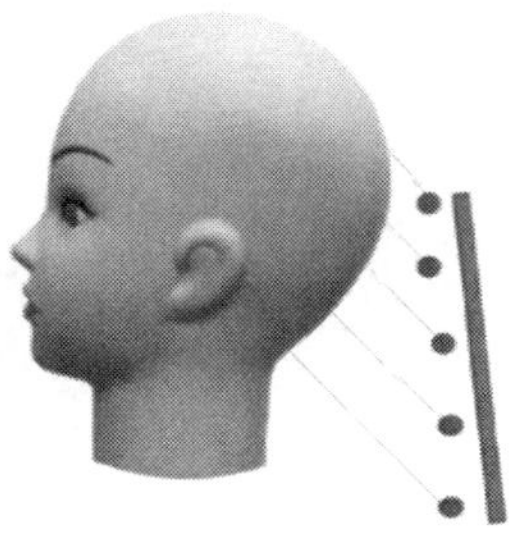	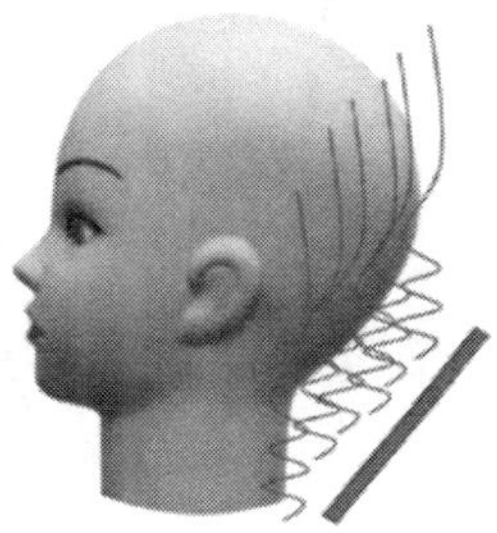	긴머리에서 길이가 짧아지는 반면 전체표면을 따라 컬의 흐름이 유지

3 도해도

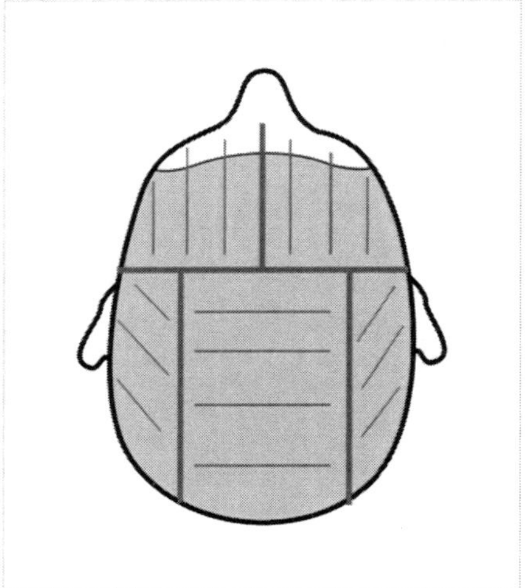

윗 면

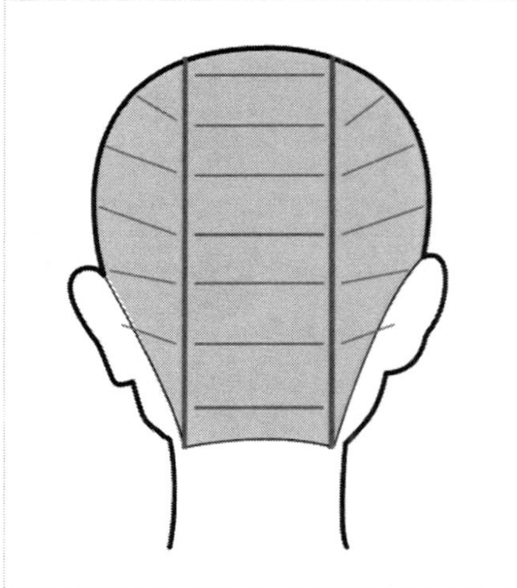

뒷 면

4 사용 도구

기본 로드(굵은 로드), 페이퍼, 고무줄, 꼬리빗, 위그, 마네킹, 홀더, 분무기 등

수행내용

- 도해도에 맞게 와인딩 할 수 있다.
- 5등분 파팅으로 기본 퍼머넌트 와인딩과 같은 순서로 와인딩 할 수 있다.
- 네이프 부분부터 수평섹션으로 와인딩 할 수 있다.
- 프로젝션 와인딩을 할 수 있다.

[시술과정]	[프로젝션 와인딩 완성작]

학습정리

1. 도해도에 맞게 와인딩을 할 수 있다.
2. 프로젝션 와인딩에 대하여 알 수 있다.

피드백

학습 13 볼륨 매직 퍼머넌트

주 차	13/15
능력단위요소	수행준거
베이직 헤어펌 마무리하기 (1201010120_02.16v3)	2.1. 크로키놀식 및 스파이럴식 기법으로 와인딩 할 수 있다. 2.2. 와인딩된 모발에 1제를 도포하고 타월밴드 및 비닐캡 처리를 할 수 있다. 2.4. 웨이브의 형성 정도를 파악하기 위해 중간테스트를 할 수 있다. 2.5. 헤어 펌의 유형에 따른 중간 세척을 할 수 있다.
학습목표	-여러 가지 프레스 작업에 필요한 도구를 알 수 있다. -기본 프레스 작업을 할 수 있다.

학습내용

1 볼륨 매직 퍼머넌트

- 볼륨 매직 퍼머넌트는 일반 매직 스트레이트 퍼머넌트와 시술방법은 거의 동일하다.
- 볼륨매직기를 이용하여 퍼머제와 열로 인해 팽윤, 연화된 모발의 형을 모근에서 모선쪽으로 C컬의 형이 되도록 시술하는 것이다.
- 단발머리, 미듐, 롱 머리 길이에 찰랑거리는 생머리의 자연스러운 느낌을 연출할 수 있다.

2 사용 도구

- 매직기, 꼬리빗, 위그, 마네킹, 홀더, 분무기 등

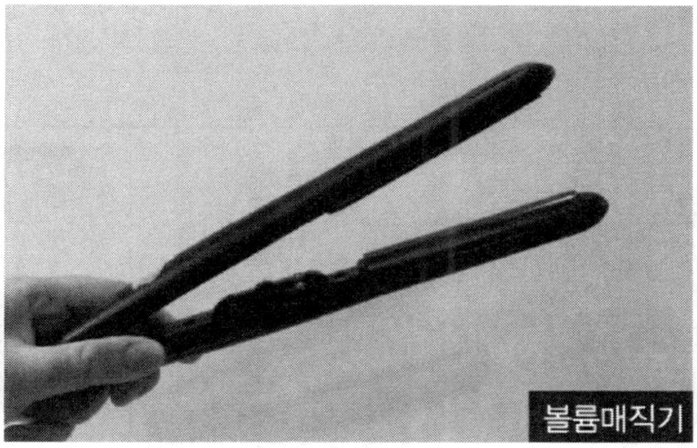

3 시술순서

① 파팅을 한 후 트리트먼트제를 전체적으로 도포한다.
② 파팅을 크게 4파팅 한다.
③ 퍼머 1제를 전체적으로 섹션을 나누면서 도포한다.
④ 랩으로 모발을 감싼 후 열처리와 자연 방치를 한다.
⑤ 테스트를 보고, 그 다음 중간 세척을 한다.
⑥ 드라이를 한다.
⑦ 시술을 위한 4파팅을 한다.
⑧ 네이프 부분부터 섹션 폭(베이스)을 1~1.5cm 정도로 수평으로 나눈다.
⑨ 매직기를 이용하여 모근에서 모선으로 볼륨을 주면서 시술한다.
⑩ 후두부 좌우를 수평섹션을 나누어 시술을 진행한다.
⑪ 우측 시술을 하고 좌측을 시술한다. 그 다음 앞머리를 섹션을 나누어 시술한다.
⑫ 산화제를 도포하고 방치타임을 준다. (20분 정도)
⑬ 샴푸를 하고, 드라이를 한다.
⑭ 가지런히 모발을 정리 후 매직기로 다시 한 번 전체적으로 볼륨을 준다.
⑮ 마무리한다. (트리트먼트제 등 도포)

4 시술사진

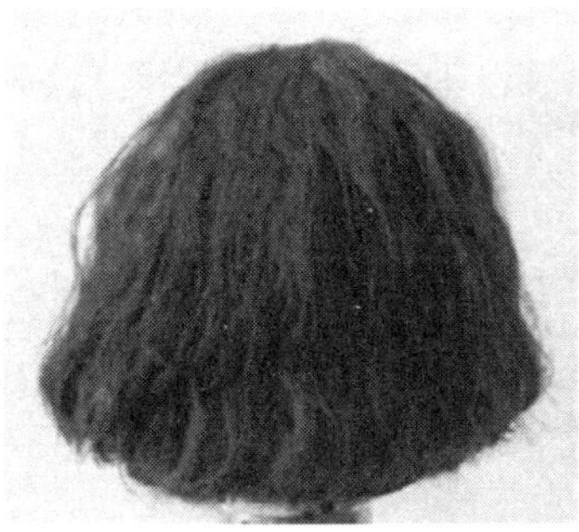
① 시술 전 모습

② 파팅 뒷 모습

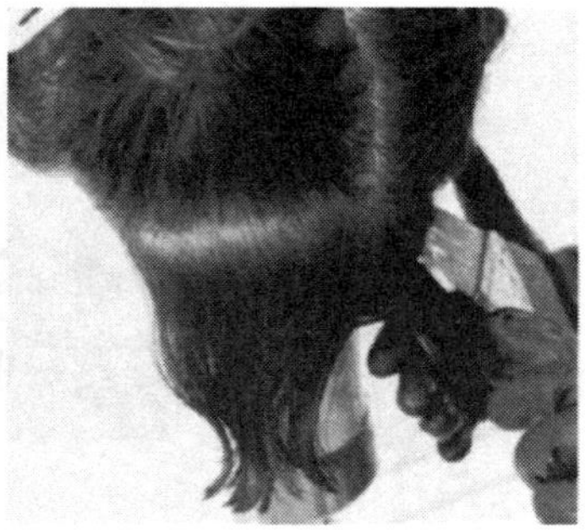
③ 퍼머1제 도포

④ 랩 감싸고 열처리 후, 자연 방치

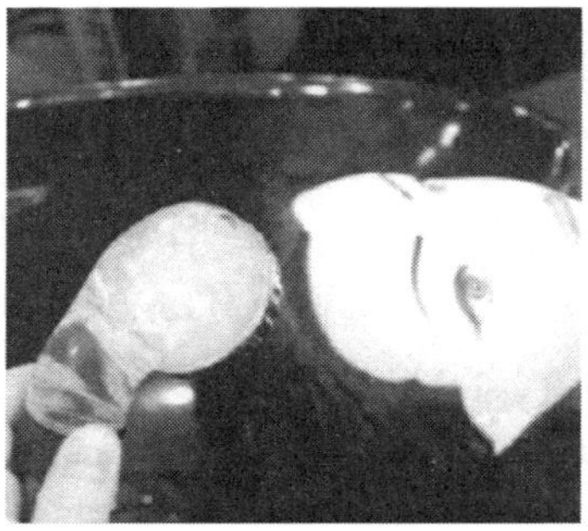
⑤ 테스트 후, 중간세척

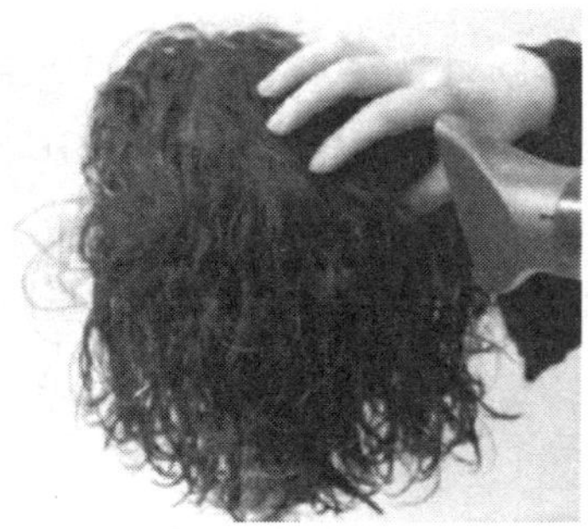
⑥ 드라이

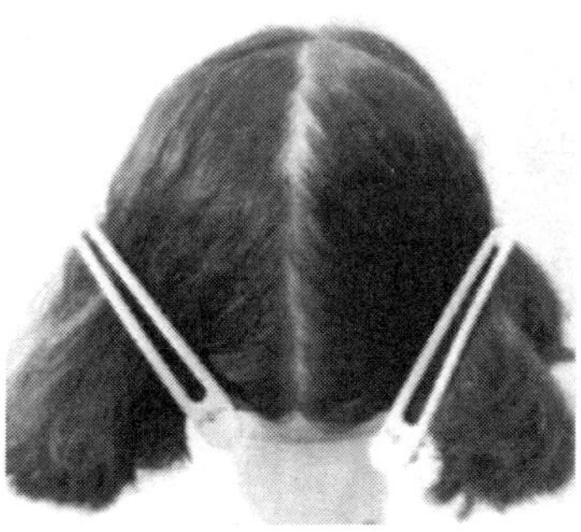
⑦ 파팅

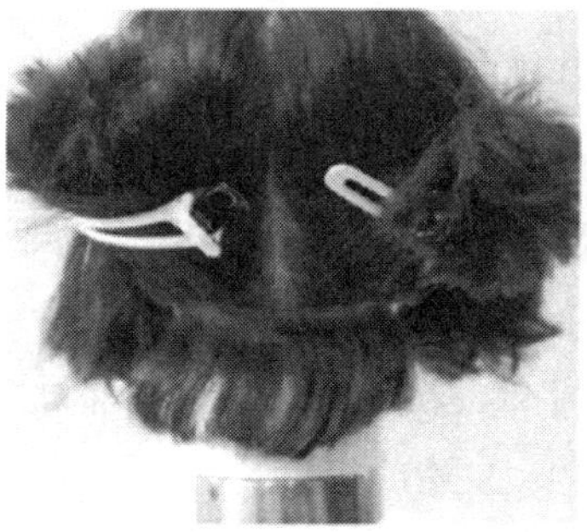
⑧ 수평으로 나누기

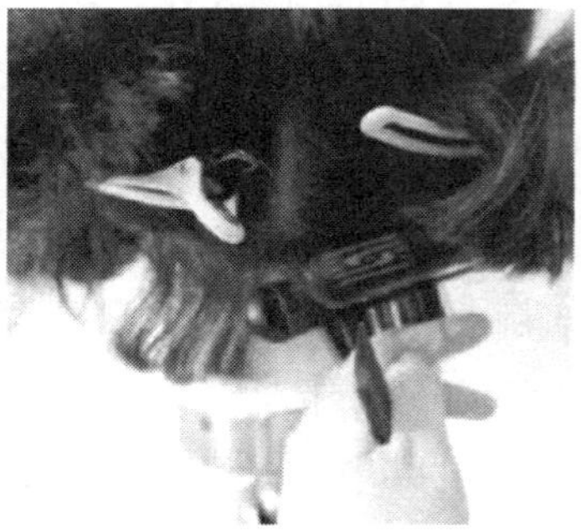
⑨ 볼륨매직 시술

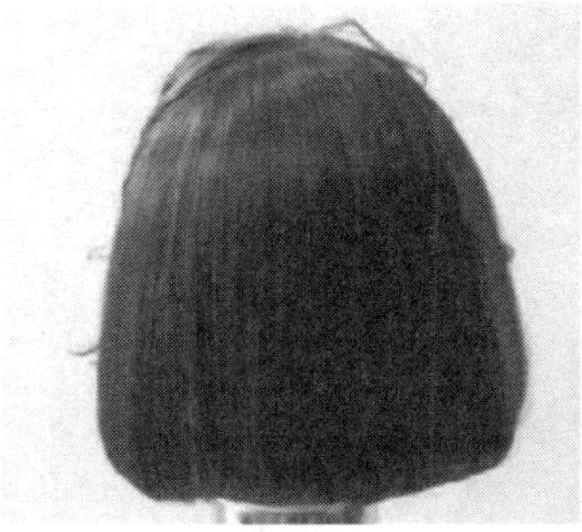	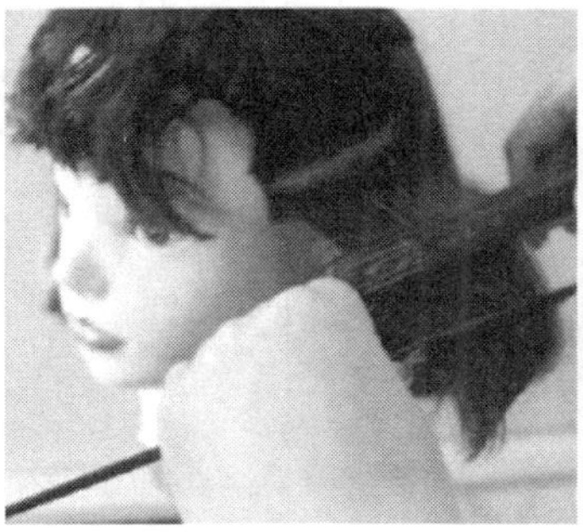	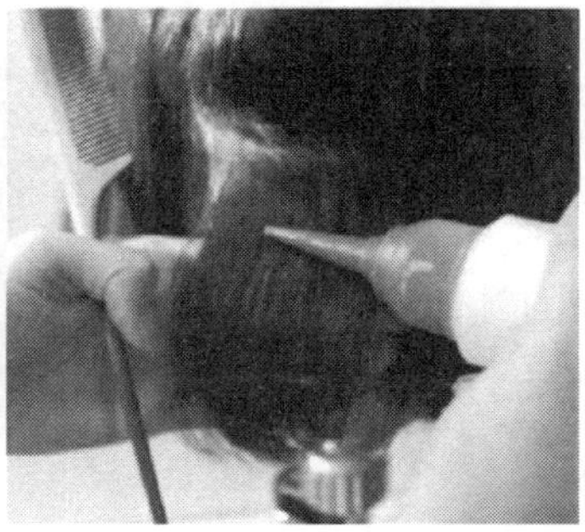
⑩ 후두부 시술 마무리	⑪ 우측, 좌측 사이드 시술	⑫ 산화제 도포 후, 방치 타임

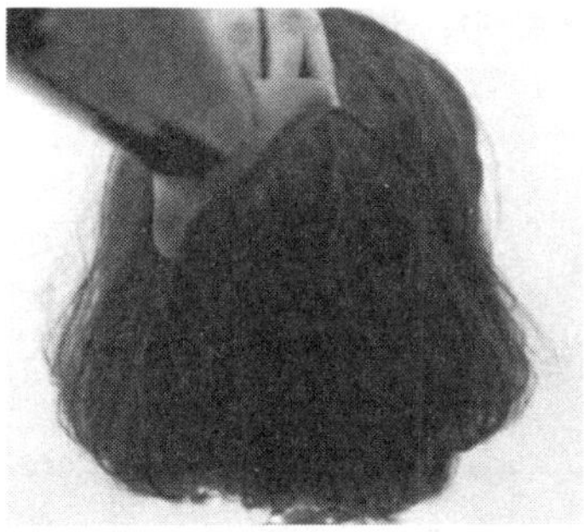	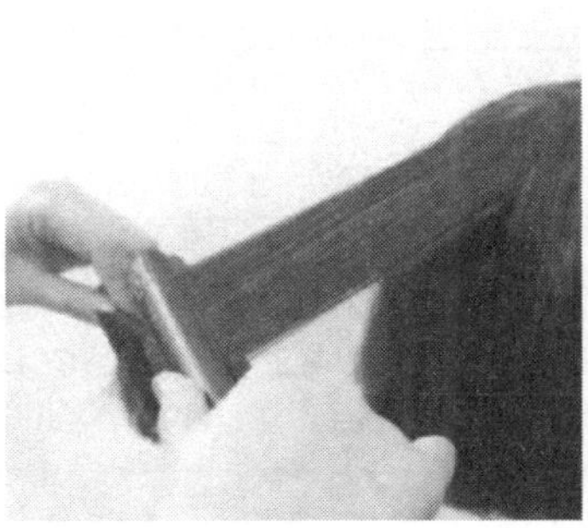	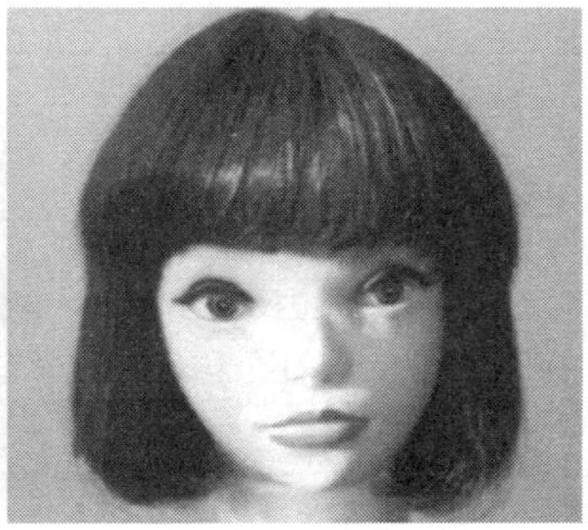
⑬ 샴푸 후, 드라이	⑭ 매직기로 마무리	⑮ 마무리

수행내용

- 기본 프레스 작업을 할 수 있다.
- 연화가 끝난 모발을 건조시킬 수 있다.
- 건조가 된 모발에 프레싱 오일 또는 크림을 바를 수 있다.
- 프레스 작업을 위해 전두부와 후두부로 블로킹을 할 수 있다.
- 네이프부터 프레스 할 수 있다.

[프레스 작업]	[전체 프레스 작업 완성]

학습정리

1. 여러 가지 프레스 작업에 필요한 도구를 알 수 있다.
2. 볼륨 매직기를 이용하여 모발의 형을 모근에서 모선 쪽으로 C컬의 형이 되도록 시술할 수 있다.

수행평가(체크리스트)				
번 호	항 목	미흡	보통	우수
1	모발에 1제를 도포하고 타월밴드 및 비닐캡 처리를 할 수 있다.	①	②	③
2	헤어 펌의 촉진을 위해 가온기나 음이온 기기 등을 사용하여 열처리를 할 수 있다.	①	②	③
3	웨이브의 형성 정도를 파악하기 위해 중간테스트를 할 수 있다.	①	②	③
4	헤어 펌의 유형에 따른 중간 세척을 할 수 있다.	①	②	③
5	헤어 펌제의 유형에 따라 2제를 도포하여 중화처리를 할 수 있다.	①	②	③

피드백

1. 모발의 질감과 밀도에 따라 섹션의 크기를 조절하고 슬라이스하여 빗질할 수 있다.
2. 두피에서 90˚로 프레스 작업을 할 수 있다.

학습 14 헤어스타일 마무리하기

주 차	14/15
능력단위요소	수행준거
베이직 헤어펌 마무리하기 (1201010120_02.16v3)	2.1. 크로키놀식 및 스파이럴식 기법으로 와인딩 할 수 있다. 2.2. 와인딩 된 모발에 1제를 도포하고 타월밴드 및 비닐캡 처리를 할 수 있다. 2.4. 웨이브의 형성 정도를 파악하기 위해 중간테스트를 할 수 있다.
학습목표	- 여러 가지 프레스 작업에 필요한 도구를 알 수 있다. - 기본 프레스 작업을 할 수 있다. - 웨이브의 유형에 따라 마무리를 위해 모발 잔여 수분 함량을 조절할 수 있다. - 헤어스타일을 연출하기 위하여 여러 가지 제품을 사용할 수 있다.

학습내용

1 헤어스타일 마무리하기

- 머리카락의 컬이 풀리지 않도록 컬을 만들기 위해 드라이기로 스타일을 낸다.
- 스타일에 맞는 제품을 선택하여 바르고 마무리한다.

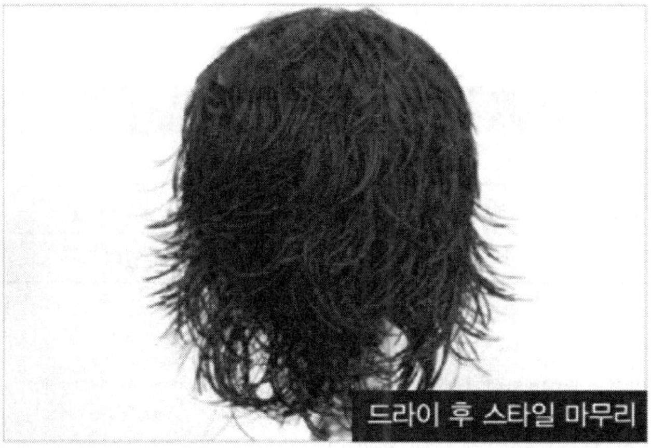

드라이 후 스타일 마무리

수행내용

- 퍼머넌트 마무리를 위하여 수분을 조절할 수 있다.
- 마무리를 위하여 제품을 선택하여 바를 수 있다.
- 고객이 원하는 스타일에 맞게 마무리할 수 있다.

[볼륨 매직 퍼머넌트 완성]	[스타일 마무리하기]

학습정리

수행평가(체크리스트)				
번 호	항 목	미흡	보통	우수
1	모발의 물기 제거를 위해 타월 드라이를 한 후 두상을 타월밴드 할 수 있다.	①	②	③
2	헤어스타일 유형과 모발 상태에 따라 수분 함량을 조절할 수 있다.	①	②	③

피드백

1. 퍼머넌트 마무리를 위하여 수분을 조절할 수 있다.
2. 펌 스타일에 맞게 스타일에 맞는 제품을 바르고 마무리할 수 있다.

학습 15 제2차 직무능력평가

주차	15/15
능력단위요소	수행준거
베이직 헤어펌 마무리하기 (1201010120_02.16v3)	2.1. 크로키놀식 및 스파이럴식 기법으로 와인딩 할 수 있다.
학습목표	제 2차 직무능력 수행평가

평가 관점		배점
베이직 헤어펌하기 (1201010120_02.16v3)	1.3. 모발 길이 등 모발의 상태에 따라 사용할 호수별 로드, 밴드, 앤드페이퍼 등 필요한 도구 및 재료를 준비할 수 있다.	5.0
	1.4. 모발에 사전 처리 작업으로 전처리제 도포 및 연화 또는 유화작업을 할 수 있다.	5.0
	2.1. 크로키놀식 및 스파이럴식 기법으로 와인딩 할 수 있다.	5.0
	2.2. 와인딩 된 모발에 1제를 도포하고 타월밴드 및 비닐캡 처리를 할 수 있다	3.0
	2.4. 웨이브의 형성 정도를 파악하기 위해 중간테스트를 할 수 있다.	3.0
	2.5. 헤어 펌의 유형에 따른 중간 세척을 할 수 있다.	2.0
베이직헤어펌마무리하기 1201010120_02.16v3	3.1. 헤어 퍼머넌트 웨이브 유형에 따라 마무리를 위해 모발 잔여 수분 함량을 조절할 수 있다.	4.0
	3.2. 헤어 퍼머넌트 웨이브 유형에 따라 헤어스타일 연출 제품을 사용하여 마무리할 수 있다.	3.0
베이직 헤어펌 마무리하기(태도)	고객만족을 위해 노력하는 자세	10

저자약력

유세은
여주대학교 교수

오 별
여주대학교 교수

기본 퍼머넌트 웨이브 실습서

초 판 인 쇄 | 2018년 2월 21일
초 판 발 행 | 2018년 2월 28일

저 자 | 유세은 · 오별
발 행 인 | **조규백**
발 행 처 | 도서출판 **구민사**
(07293)
서울특별시 영등포구 문래북로 116(문래동 3가, 트리플렉스) 604호
전 화 | (02) 701-7421(~2)
팩 스 | (02) 3273-9642
홈 페 이 지 | www.kuhminsa.co.kr
등 록 | 제14-29호 (1980년 2월 4일)
I S B N | 979-11-5813-550-8 [93590]
값 | **10,000원**